广州铁路职业技术学院资助出版
职业教育校企合作双元开发教材
高等职业院校技能型人才培养“十三五”优质教材

Android 项目开发实战

主 编　刘国成

西南交通大学出版社
·成　都·

图书在版编目（CIP）数据

Android 项目开发实战 / 刘国成主编. —成都：西南交通大学出版社，2020.11

ISBN 978-7-5643-7806-6

Ⅰ. ①A… Ⅱ. ①刘… Ⅲ. ①移动终端 – 应用程序 – 程序设计 – 高等职业教育 – 教材 Ⅳ. ①TN929.53

中国版本图书馆 CIP 数据核字（2020）第 211650 号

Android Xiangmu Kaifa Shizhan

Android 项目开发实战

主编 刘国成

责任编辑 罗在伟
封面设计 何东琳设计工作室

出版发行 西南交通大学出版社
（四川省成都市金牛区二环路北一段 111 号
西南交通大学创新大厦 21 楼）
邮政编码 610031
发行部电话 028-87600564 028-87600533
网址 http://www.xnjdcbs.com
印刷 成都蜀雅印务有限公司

成品尺寸 185 mm × 260 mm
印张 16.5
字数 412 千
版次 2020 年 11 月第 1 版
印次 2020 年 11 月第 1 次
定价 46.00 元
书号 ISBN 978-7-5643-7806-6

前言

本书是为满足高职高专院校项目化教学需要编写的一部集“教、学、做”为一体的教材。在考虑学生知识发展和技能需求的基础上，本教材打破了以知识点为主线的传统教学方式和学习方法，把知识点、技能点、经验点融合在一起，嵌入到项目教学中。在项目中，以工作任务方式在课堂上指导学生完成学习内容，同时讲解相关的知识要点，通过设置技能训练任务让学生积累项目开发经验，最后以总结形式介绍项目编程方法和技巧。每个项目的设计和每个任务的编排都力求由易到难、由小到大、螺旋式逐渐推进。本教材的内容基本涵盖了 Android 项目开发的常用技术，为移动终端软件开发奠定了基础。通过完成教材中的项目和任务，可以达到 Android 程序员掌握基本技能和基础知识的能力目标。

本教材的体系结构是按照项目导向、任务驱动的方式来编写，根据实际工作中 Android 项目开发的常见技术需求，组织编写了 7 个循序渐进的项目。项目内容涉及 Android 编程环境搭建、Android 程序布局设计、Android 程序基础界面设计、Android 程序高级控件应用、Android 程序组件应用、Android 程序数据存储、Android 综合项目实战等。按照基于工作过程的“教、学、做”一体化的教学思路，通过任务讲解和训练，将“知识点、技能点、经验点”有机结合在一起。通过教，记住知识点，通过学，掌握技能点，通过做，获得经验点。在学习每个项目时，建议读者先对任务有个了解，然后通过编写、调试和运行任务案例程序来掌握知识点、技能点和经验点。在每个任务之后通过实践训练来巩固本次任务的知识点、技能点和经验点。

本教材参考学时为 96 学时，其中讲授 48 学时，实训 48 学时，理论和实践比例为 1∶1，学时分配参见如下：

项　目	课程内容	学时分配	
		讲授	实训
项目 1	Android 编程环境搭建	4	4
项目 2	Android 程序布局设计	5	5
项目 3	Android 程序基础界面设计	9	9
项目 4	Android 程序高级控件应用	10	10
项目 5	Android 程序组件应用	6	6
项目 6	Android 程序数据存储	8	8
项目 7	Android 综合项目实战	6	6
课时小计		48	48
总课时合计		96	

本教材由广州铁路职业技术学院计算机应用技术专业刘国成博士与华为技术有限公司、荔峰科技（广州）有限公司、广州口可口可软件科技有限公司、广州飞瑞敖电子科技有限公司、广东时汇信息科技有限公司、上海影创公司、深圳学必优教育科技有限公司等企业合作开发，教材内容能够对接智能计算平台应用开发“1+X”职业技能等级证书（中级）、虚拟现实应用开发“1+X”职业技能等级证书（中级）、计算机视觉应用开发“1+X”职业技能等级证书（中级）等的相关知识和技能。教材开发过程中得到了上述企业肖茂才、林明静、刘勋、闵瑞、梅宇、彭瀚林、丁妤、李伟、陈俊、李凯、刘余和、李新等人的支持和帮助，在此表示衷心的感谢！

由于编者水平有限，时间仓促，书中难免存在不妥之处，敬请广大读者批评指正。

编　者

2020年8月

学习课件与视频资源

目录

项目 1　Android 编程环境搭建

知识目标

- ◆ 认识 Android 系统及其应用；
- ◆ 了解 Android 主流开发技术；
- ◆ 掌握 JDK 的安装与配置方法；
- ◆ 掌握 Eclipse 的安装与配置方法；
- ◆ 掌握 Android-sdk 的安装与配置方法。

技能目标

- ◆ 掌握 JDK、Eclipse、Android-sdk 的安装与配置；
- ◆ 会创建和调试运行 Android 应用程序项目；
- ◆ 能独立搭建 Android 项目开发编程环境。

任务导航

- ◆ 任务 1-1　Android 编程环境搭建；
- ◆ 任务 1-2　Android 应用软件项目创建；
- ◆ 任务 1-3　Android 模拟器的使用；
- ◆ 任务 1-4　Android 项目资源文件使用。

任务 1-1　Android 编程环境搭建

【任务目标】

能独立并熟练地搭建 Android 项目开发编程环境。

【任务描述】

本任务将教大家快速搭建 Android 项目开发的编程环境。由于 Android 系统是一个开源的操作系统，其应用程序的开发主要使用 Java 语言，因此编程开发环境的搭建需要 JDK、Eclipse IDE、Android SDK、AVD 等 4 个部分。其中 JDK 是 Java 语言开发包，由 Oracle 公司提供；Eclipse IDE 是 Android 程序开发的集成开发环境，由 IBM 提供；Android SDK 是 Android 应用软件开发包，由 google 公司提供；AVD 是 Android 应用软件模拟运行测试环境。当然也可以直接使用 Android 智能手机来运行测试应用程序。

【任务分析】

Android 编程开发环境的搭建一般采用以下五个步骤：

第一步：下载与安装 JDK。

第二步：下载安装 Eclipse。

第三步：在 Eclipse IDE 中配置 JDK。

第四步：下载安装与配置 Android SDK。

第五步：创建与运行 Android AVD。

【任务实施】

第一步：下载与安装 JDK

1. 下载 JDK

（1）进入 Oracle 公司官网（http://www.oracle.com/），在页面中选择【Downloads】，在下拉菜单中选择【Java for Developers】进入 JDK 下载页面，如图 1-1 所示。

（2）在弹出的新网页中选择【JDK downloads】即可，下载所需要的 Java JDK 安装程序，如图 1-2 所示。

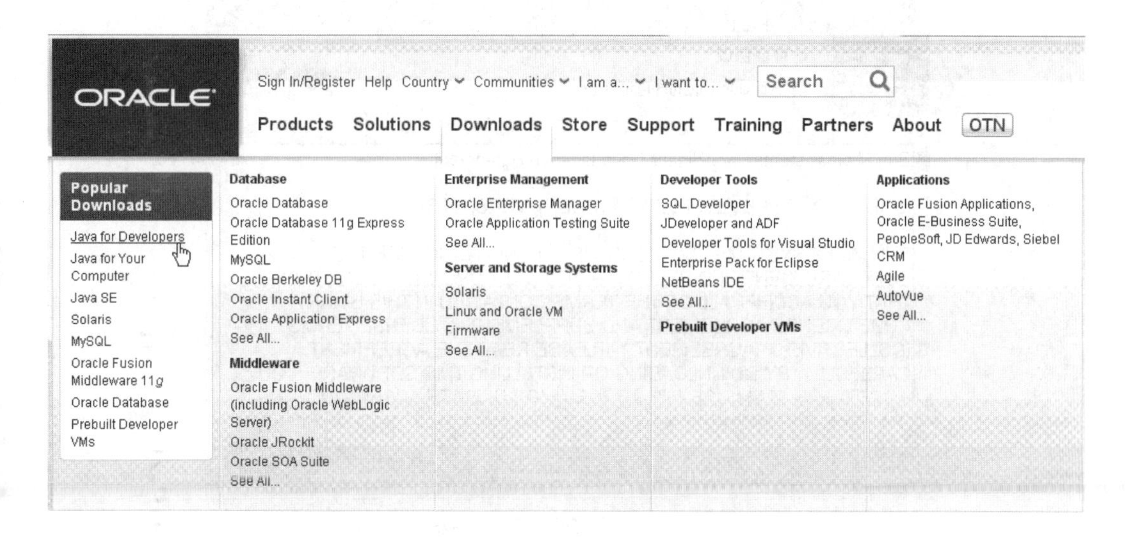

图 1-1　进入 Oracle 官网

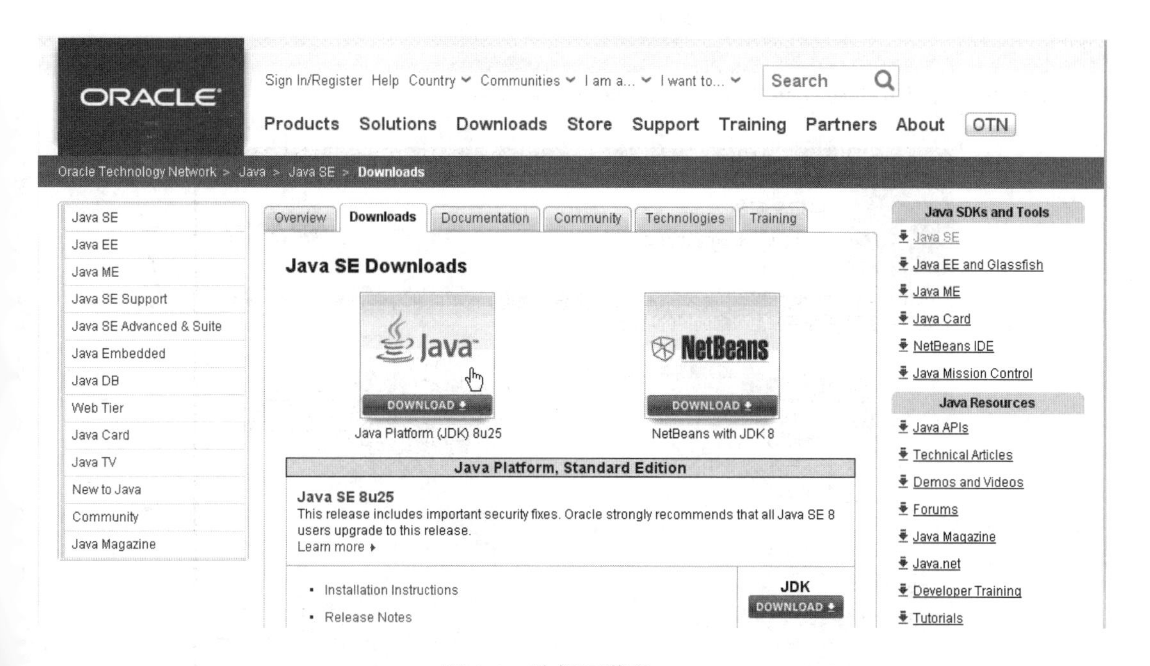

图 1-2　选择下载的 JDK

2. 安装 JDK

下载完 JDK 以后，就可以进行 JDK 的安装。这里以 Jdk1.6.0 版本为例，从 Oracle 官网上下载安装文件 jdk-6-windows-i586.exe。双击安装文件 jdk-6-windows-i586.exe，按照安装文件的提示一步步执行即可安装。操作步骤如下：

（1）双击下载的 JDK 安装程序，出现如图 1-3 所示的界面，启动 JDK 安装引导程序。

图 1-3 启动 JDK 安装

（2）接受用户许可协议进入下一步，如图 1-4 所示。

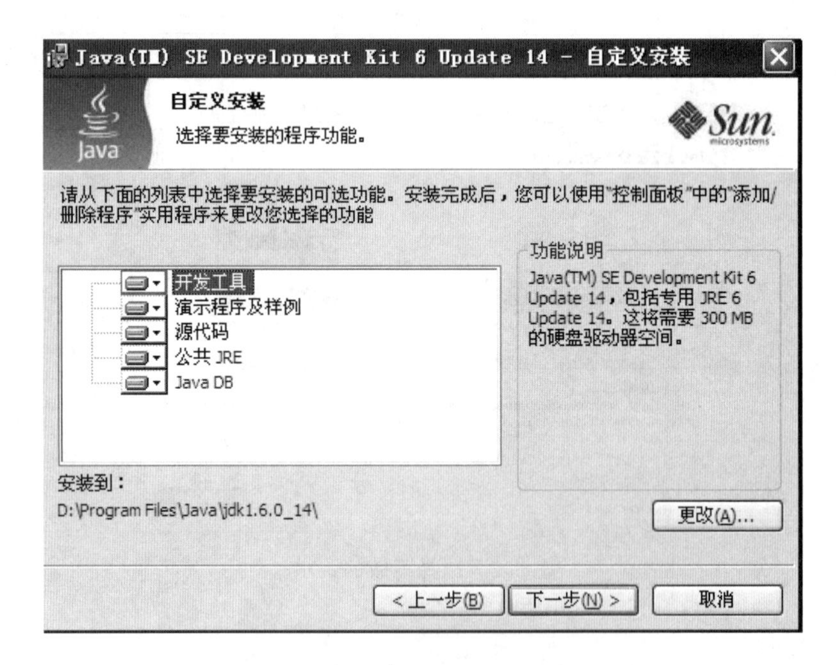

图 1-4 选择安装内容和路径

（3）设置好 JDK 安装路径（默认路径为 C:\Program Files\Java\），如图 1-5 所示，然后点击【下一步】继续。

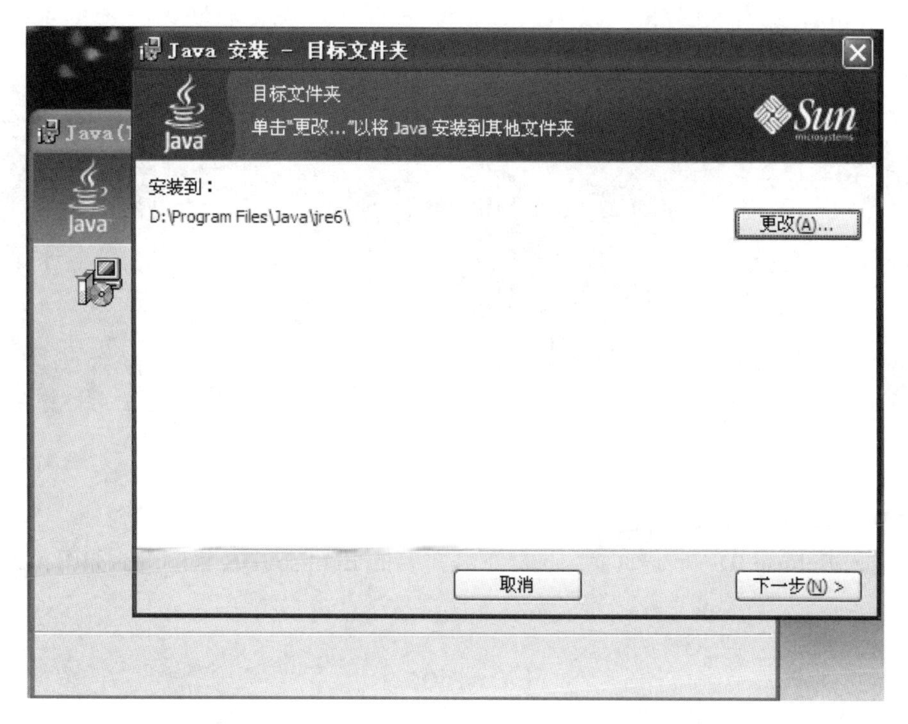

图 1-5　JDK 安装路径

（4）安装完成后，弹出如图 1-6 所示的界面，点击【完成】按钮，即可完成安装。

图 1-6　安装完成

第二步：Android IDE 集成开发环境下载与安装 Eclipse

（1）进入 Eclipse 官网（http://www. eclipse.org/），在页面中选择【Download】，如图 1-7 所示。

图 1-7　登录 eclipse 官网

（2）进入 Eclipse IDE 下载页面，选择下载需要的 Eclipse IDE 软件包，如图 1-8 所示。

图 1-8　选择需要的 Eclipse IDE 软件包

（3）下载的 Eclipse IDE 软件包实际上是一个 zip 压缩包，不需要安装，直接解压至电脑硬盘的根目录下即可（建议解压至 C:\）。成功解压后在根目录里可看到一个“eclipse”文件夹，进入该文件夹便可看到如图 1-9 所示的文件和文件目录。

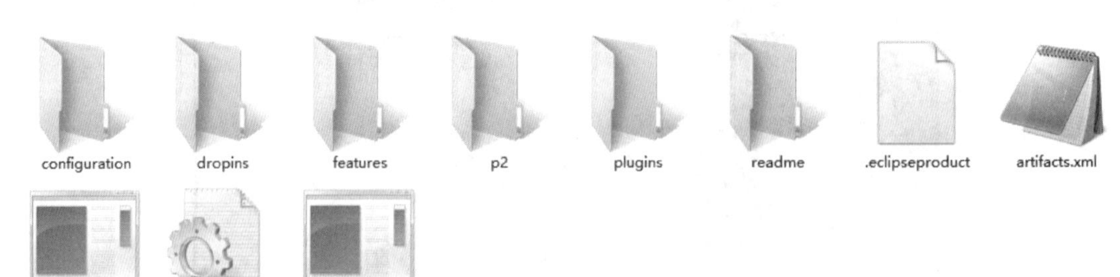

图 1-9　成功解压后的 Eclipse IDE

第三步：在 Eclipse IDE 中配置 JDK

在 Eclipse IDE 中可以配置指定的 JDK 进行 Android 应用程序开发，配置过程如下：

（1）选择 Eclipse IDE 中【Window】→【Preferences】选项，打开如图 1-10 所示的

“Preferences”对话框。

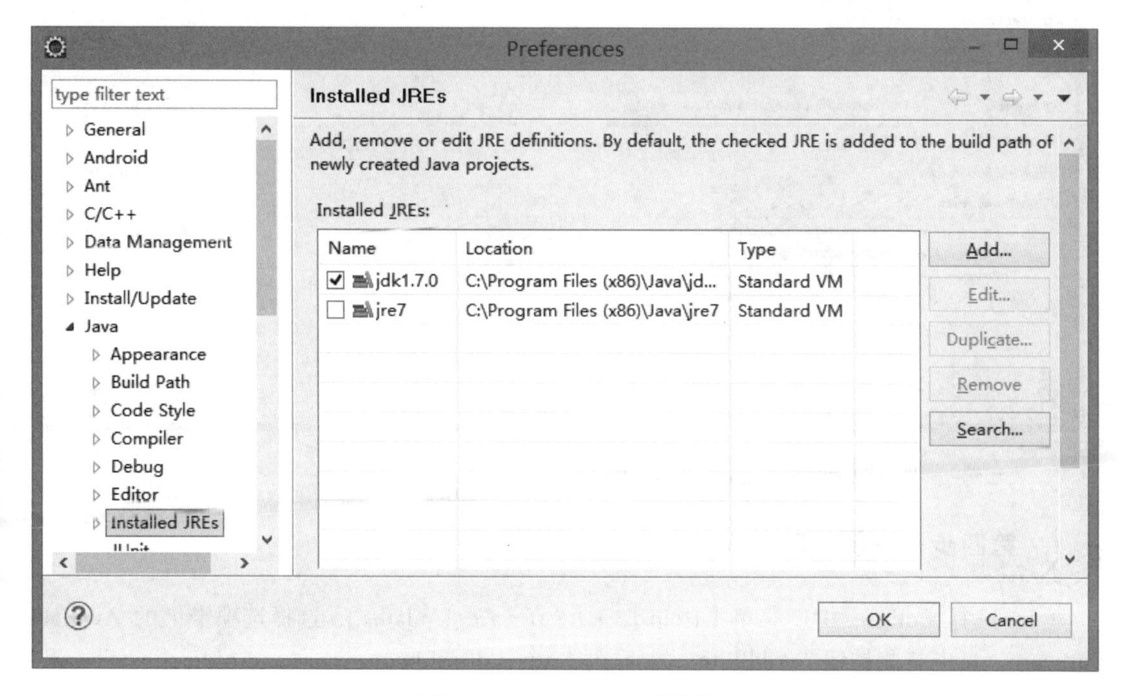

图 1-10　Preferences 对话框

（2）在“Preferences”对话框中选择左侧【Java】→【Installed JREs】，打开右侧“Installed JREs”操作面板，点击【Add...】按钮，打开如图 1-11 所示“Add JREs”对话框。

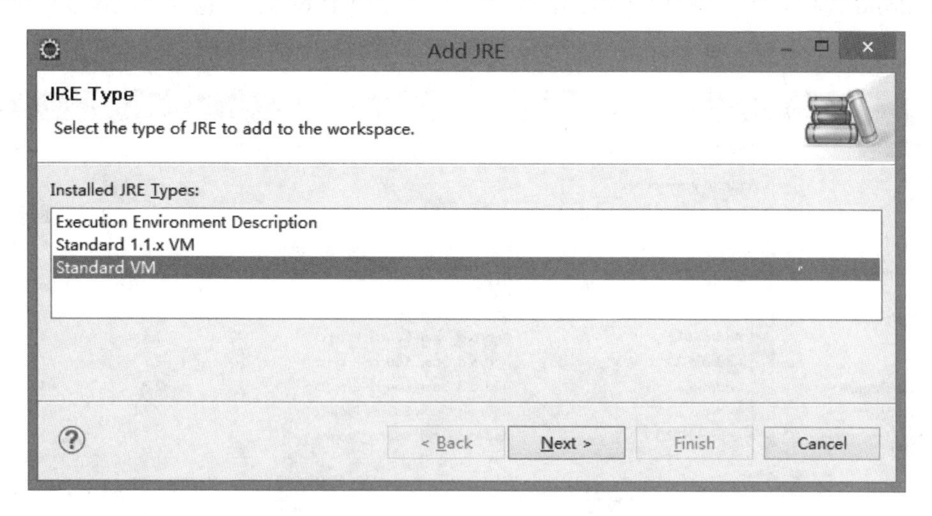

图 1-11　“Add JREs”对话框

（3）在“Add JREs”对话框中选择“Standard VM”，点击【Next】按钮，进入 JRE 选择面板，如图 1-12 所示。点击【Directory】按钮，在弹出的浏览文件夹对话框中选择 JDK，点击【确定】按钮返回面板。最后等到 Eclipse IDE 导入 JDK 完毕，点击【Finished】按钮完成 JDK 配置。

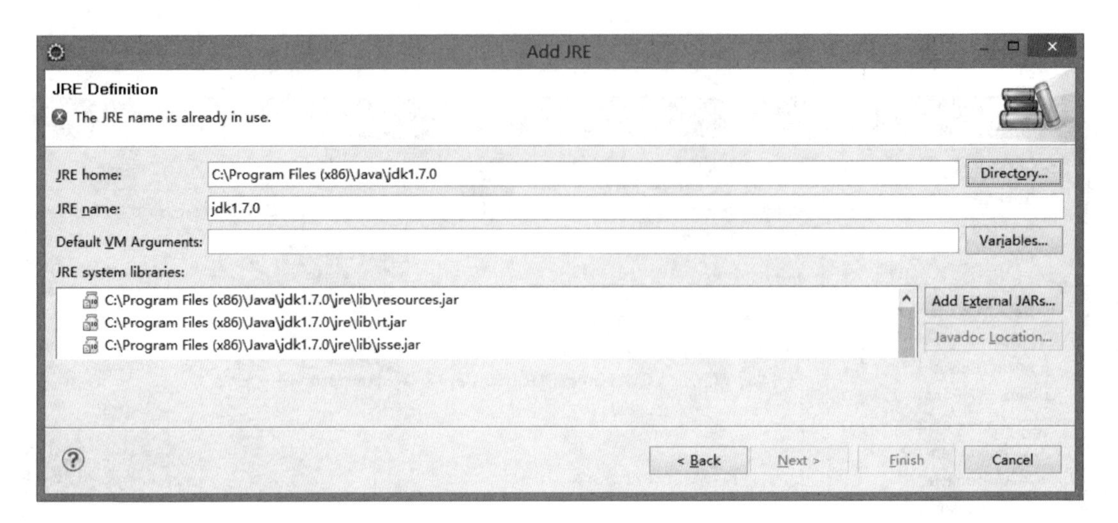

图 1-12　配置 JDK

第四步：安装与配置 Android SDK

（1）选择 Eclipse IDE 菜单【Help】→【Software Updates】，选择选项卡上的 Available Software，点击右侧按钮“Add Site...”，输入“http://dl-ssl.google.com/android/eclipse/”。开始在线下载或更新 Android SDK。

（2）Android SDK 下载安装完毕，即可在 Eclipse 中配置 Android SDK，如图 1-13 所示。选择 Eclipse IDE 中【Window】→【Preferences】选项，在弹出的“Preferences”对话框左侧选择 Android 选项。在右侧打开的 Android 面板中点击【Browse】，选择 Android SDK 安装目录，点击【OK】按钮，即可完成 Android SDK 的配置。

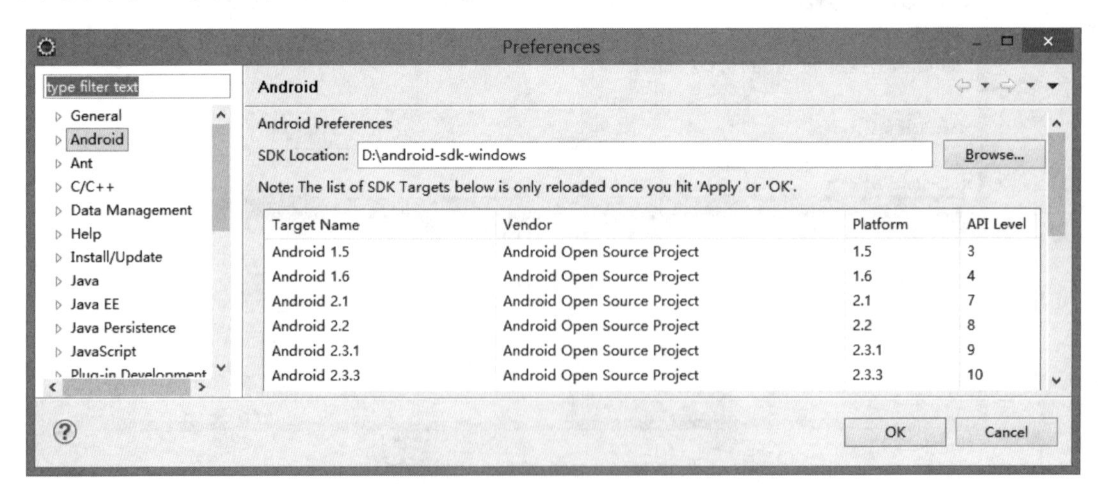

图 1-13　配置 Android SDK

第五步：创建与运行 Android AVD

（1）选择 Eclipse IDE 中【Window】→【AVD Manager】选项，在弹出“AVD Manager”

对话框中选择【New】按钮。在弹出的“Create new AVD”对话框中，创建所需的 Android 模拟器，如图 1-14 所示。

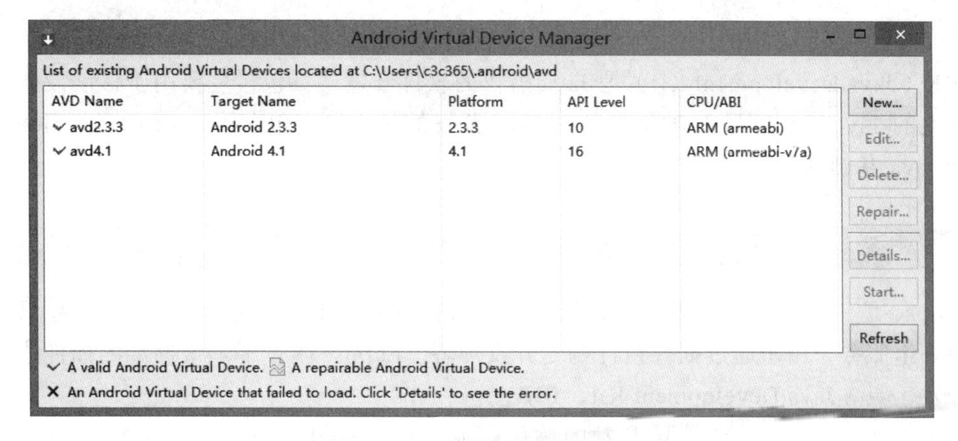

图 1-14　创建 Android AVD

（2）选择创建的 Android 模拟器，点击【Start】按钮，启动运行 Android 模拟器，如图 1-15 所示。

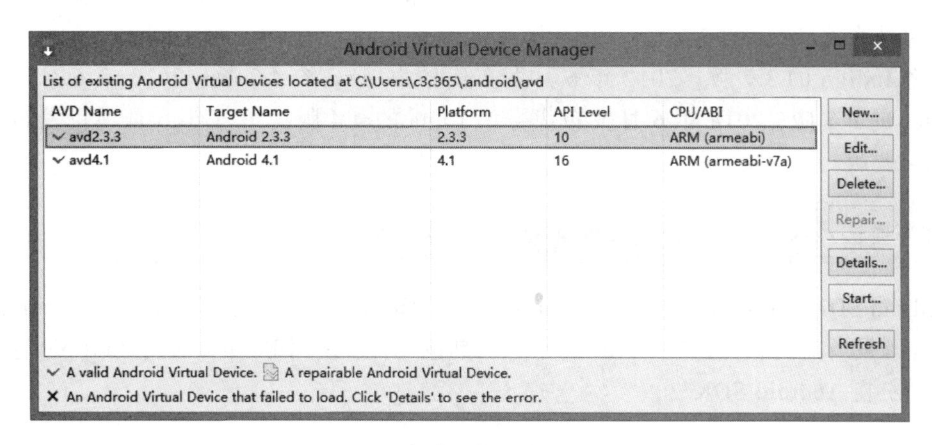

图 1-15　启动运行 Android AVD

（3）运行效果，如图 1-16 所示。

图 1-16　Android 模拟器运行效果

【必备知识】

知识点 1：认识 JDK

JDK（Java Development Kit）是 Java 语言的软件开发工具包，主要用于移动设备、嵌入式设备上的 Java 应用程序。JDK 是整个 Java 开发的核心，它包含了 Java 的运行环境，Java 工具和 Java 基础的类库。

知识点 2：认识 Eclipse

Eclipse 是一个开放源代码的、基于 Java 的可扩展开发平台。就其本身而言，它只是一个框架和一组服务，用于通过插件组件构建开发环境。Eclipse 附带了一个标准的插件集，包括 Java 开发工具（Java Development Kit，JDK）。

Eclipse 最初是由 IBM 公司开发的替代商业软件 Visual Age for Java 的下一代 IDE 开发环境，2001 年 11 月贡献给开源社区，现在它由非营利软件供应商联盟 Eclipse 基金会（Eclipse Foundation）管理。2003 年，Eclipse 3.0 选择 OSGi 服务平台规范为运行时架构。2007 年 6 月，稳定版 3.3 发布；2008 年 6 月发布代号为 Ganymede 的 3.4 版；2009 年 6 月发布代号为 Galileo 的 3.5 版；2010 年 6 月发布代号为 Helios 的 3.6 版；2011 年 6 月发布代号为 Indigo 的 3.7 版；2012 年 6 月发布代号为 Juno 的 4.2 版；2013 年 6 月发布代号为 Kepler 的 4.3 版；2014 年 6 月发布代号为 Luna 的 4.4 版；2015 年 6 月项目发布代号为 Mars 的 4.5 版。

知识点 3：认识 Android SDK

Android SDK（Software Development Kit）即 Android 软件开发包，是用于 Android 系统应用软件开发所需的软件框架、API 类库等工具包集合。使用 Eclipse 进行 Android 应用程序开发需要安装 Android SDK。

【实战训练】

根据以上任务实施过程，学员在自己的计算机上独立完成 Android 项目开发编程环境安装与配置。

任务 1-2　Android 应用软件项目创建

【任务目标】

了解 Android 应用软件项目的创建过程和目录结构，能独立并熟练地创建 Android 应用软件项目。

【任务描述】

在 Android 编程环境（Eclipse IDE）搭建完成后，接下来要学会 Android 应用软件项目创建和运行调试。本任务将讲授如何创建一个 Android 应用程序项目，并试运行和检测其运行效果。

【任务分析】

在 Android 项目开发中，应用程序的架构具有严格的规定，对于不同类型的程序文件的存放也有着严格的要求。因此，在创建一个 Android 应用程序项目时，应该重点留意该项目的架构设计，弄清楚主要目录和文件的作用。创建一个 Android 应用程序项目，首先要设置项目名称，其次完成界面图标的设置，并创建一个空的 Activity 类；最后在项目创建后，一定要在 AVD 或 Android 智能手机上测试所创建的项目是否可以正确运行；然后才能开始项目程序的开发。

【任务实施】

（1）选择 Eclipse IDE 中的【File】→【New】→【Android Application Project】，启动“New Android App”对话框，如图 1-17 所示。

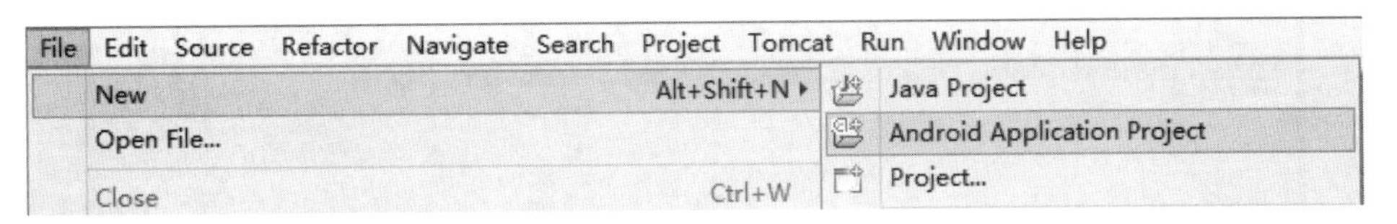

图 1-17　选择【Android Application Project】

（2）在“New Android App”对话框中填写 Android 应用程序的项目名称：“testdemo”，如图 1-18 所示，选择 Android 项目开发所需的 SDK，点击【Next】按钮进入下一步。

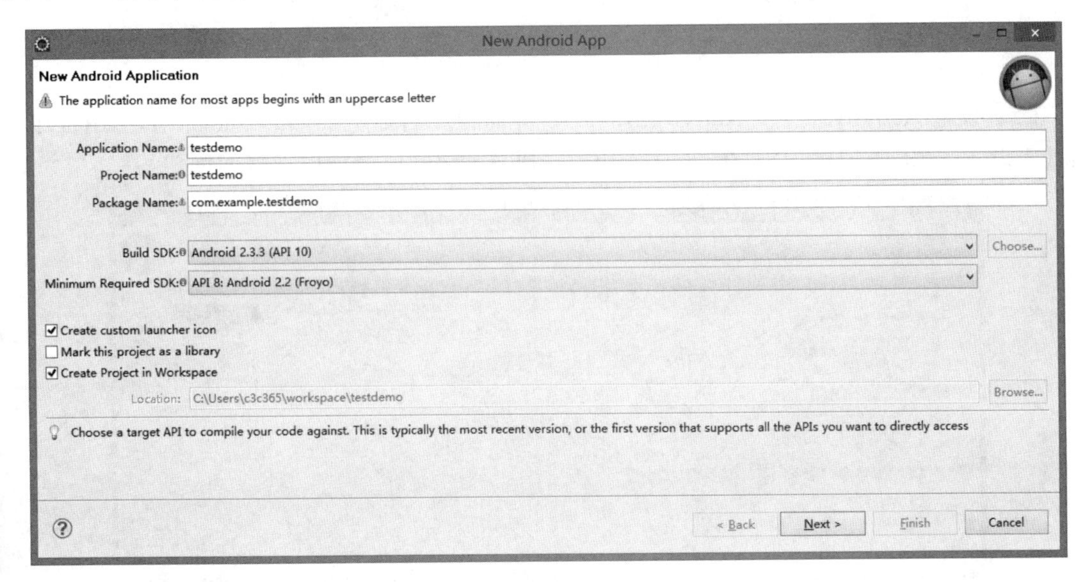

图 1-18　填写 Android 应用程序项目名称

（3）选择项目“testdemo”所需的图标设置，如图 1-19 所示，点击【Next】按钮进入下一步。

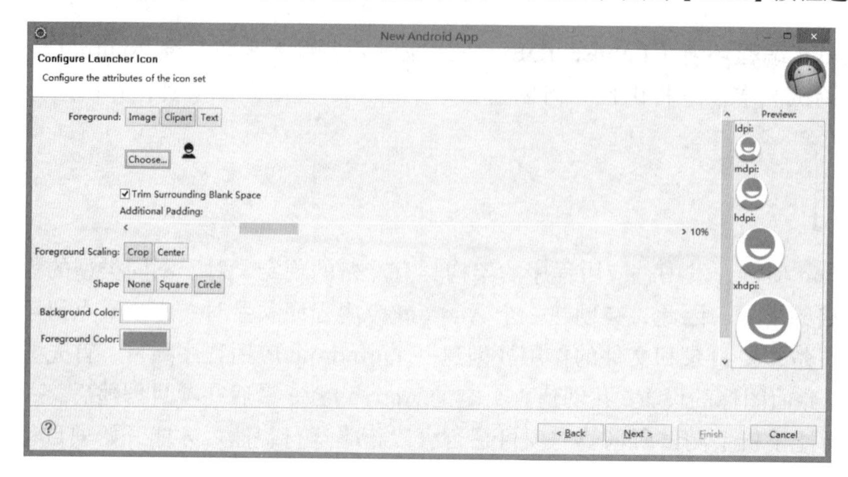

图 1-19　图标设置

（4）创建 Activity。如图 1-20 所示，选择 BlankActivity，点击【Next】按钮进入下一步。

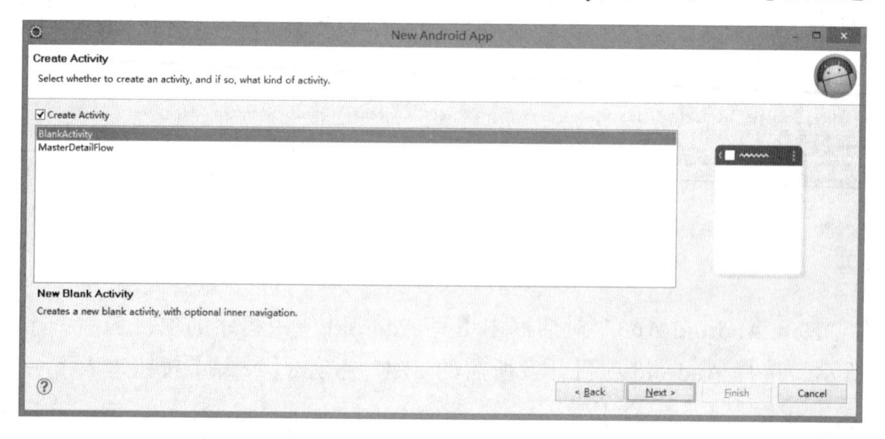

图 1-20　创建 Activity

（5）设置 Activity 类名（Activity Name）、界面程序名称（Layout Name）和应用程序标题（Title），如图 1-21 所示，点击【Finish】完成 Android 应用程序项目的创建。

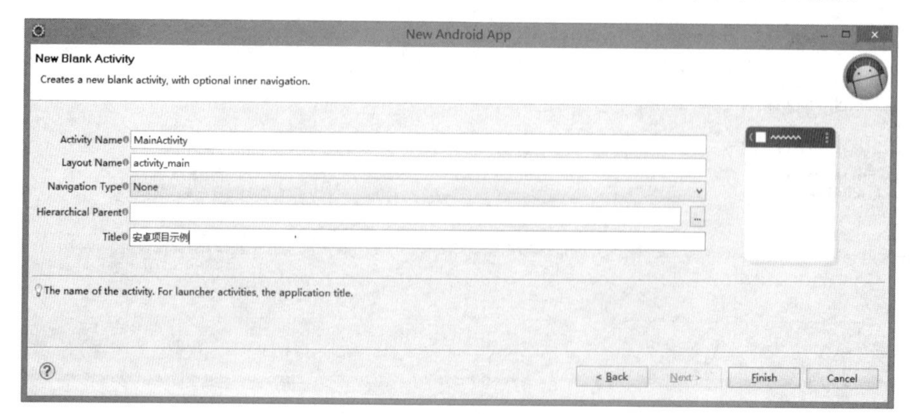

图 1-21　设置 Activity 名称

（6）创建 Android 应用程序项目“testdemo”后的结构如图 1-22 所示。

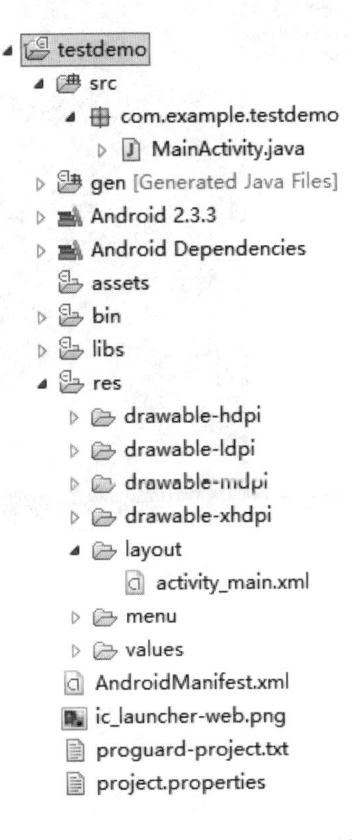

图 1-22　项目“testdemo”结构

（7）选中项目“testdemo”，点击鼠标右键，在弹出的右键菜单中选择【Run As】→【Android Application】，测试项目“testdemo”的运行效果，如图 1-23 所示。

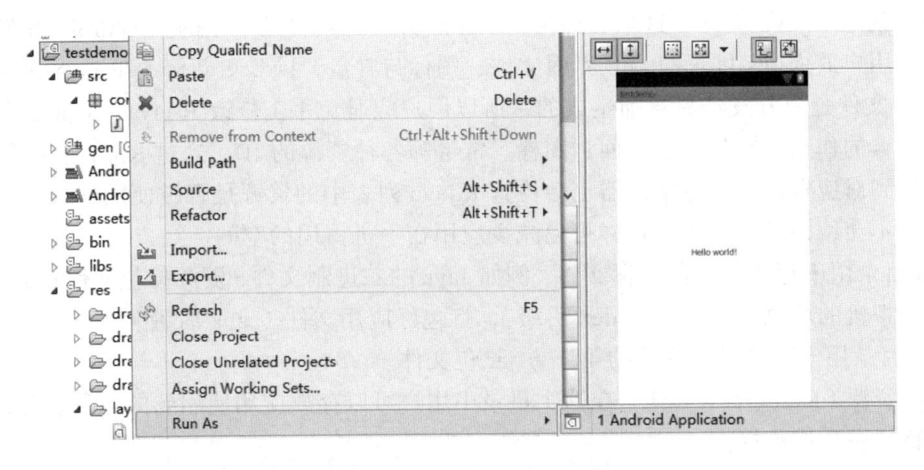

图 1-23　运行“testdemo”项目

（8）运行效果如图 1-24 所示，表示项目创建成功，可以进行下一步的界面设计与程序开发。

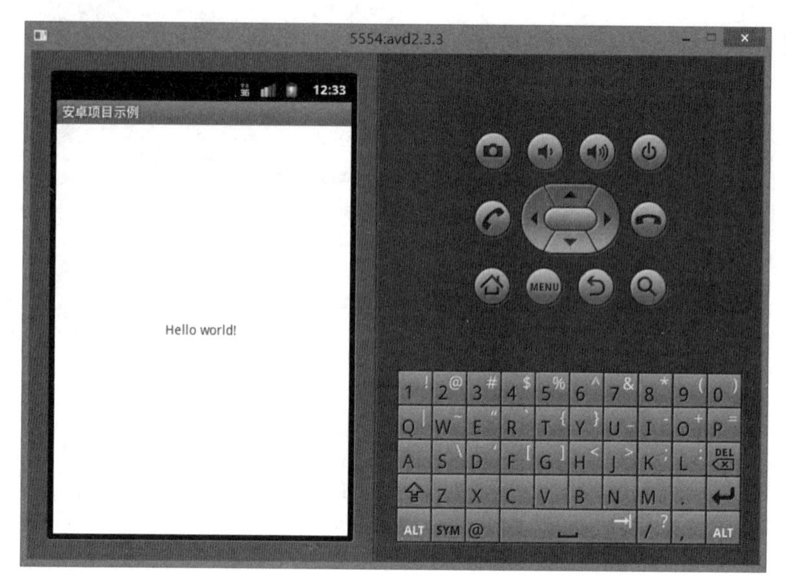

图 1-24　项目“testdemo”运行效果

【必备知识】

知识点 1：认识 Android 应用程序项目架构

Android 应用程序开发中，应用程序项目架构主要包含：4 个子目录（src、assets、res、gen）、1 个库文件 android.jar，以及 2 个工程文件 Androidmanifest.xml 和 default.properties。

src/ java 源代码存放目录。所有允许用户修改的 java 文件和用户自己添加的 java 文件都保存在这个目录中。

gen/ 自动生成目录。gen 目录中存放所有由 Android 开发工具自动生成的文件。目录中最重要的就是 R.java 文件。这个文件由 Android 开发工具自动产生的。Android 开发工具会自动根据用户放入 res 目录的 xml 界面文件、图标与常量，同步更新修改 R.java 文件。正因为 R.java 文件是由开发工具自动生成的，所以用户应避免手工修改 R.java。R.java 在应用中起到了字典的作用，它包含了界面、图标、常量等各种资源的 ID，通过 R.java，应用可以很方便地找到对应资源。另外编译器也会检查 R.java 列表中的资源是否被使用到，没有被使用到的资源不会编译进软件中，这样可以减少应用在手机占用的空间。

bin 目录用于存放生成的目标文件，例如 Java 的二进制文件、资源打包文件（.ap_后缀）、Dalvik 虚拟机的可执行性文件（.dex 后缀），打包好应用文件（.apk 后缀）等。

libs 目录用于存放需要使用的第三方 jar 包文件。

res/ 资源（Resource）目录。在这个目录中用户可以存放应用使用到的各种资源，如 xml 界面文件，图片或数据。

assets 资源目录。Android 除了提供/res 目录存放资源文件外，在/assets 目录也可以存放资源文件，而且/assets 目录下的资源文件不会在 R.java 自动生成 ID，所以读取/assets 目录下的文件必须指定文件的路径，如：file:///android_asset/xxx.3gp。

AndroidManifest.xml 项目清单文件。这个文件列出了应用程序所提供的功能，以后用户开发好的各种组件需要在该文件中进行配置，如果应用使用到了系统内置的应用（如电话服务、互联网服务、短信服务、GPS 服务等等），用户还需在该文件中声明使用权限。

default.properties 项目环境信息，一般是不需要修改此文件。

知识点 2：认识 Android 的包文件

android.app：提供高层的程序模型、提供基本的运行环境。

android.content：包含各种的对设备上的数据进行访问和发布的类。

android.database：通过内容提供者浏览和操作数据库。

android.graphics：底层的图形库，包含画布、颜色、点、矩形等，可以直接绘制到屏幕上。

android.location：定位和相关服务的类。

android.media：提供一些类管理多种音频、视频的媒体接口。

android.net：提供帮助网络访问的类，超过通常的 java.net.* 接口。

android.os：提供了系统服务、消息传输、IPC 机制。

android.opengl：提供 OpenGL 的工具。

android.provider：提供类访问 Android 的内容提供者。

android.telephony：提供与拨打电话相关的 API 交互。

android.view：提供基础的用户界面接口框架。

android.util：涉及工具性的方法，例如时间日期的操作。

android.webkit：默认浏览器操作接口。

android.widget：包含各种 UI 元素（大部分是可见的）在应用程序的屏幕中使用。

【实战训练】

参考以上任务实施过程，创建一个 Android 应用程序项目（项目命名为“androidtest”），并在 Android 模拟器上运行，运行效果如图 1-25 所示。

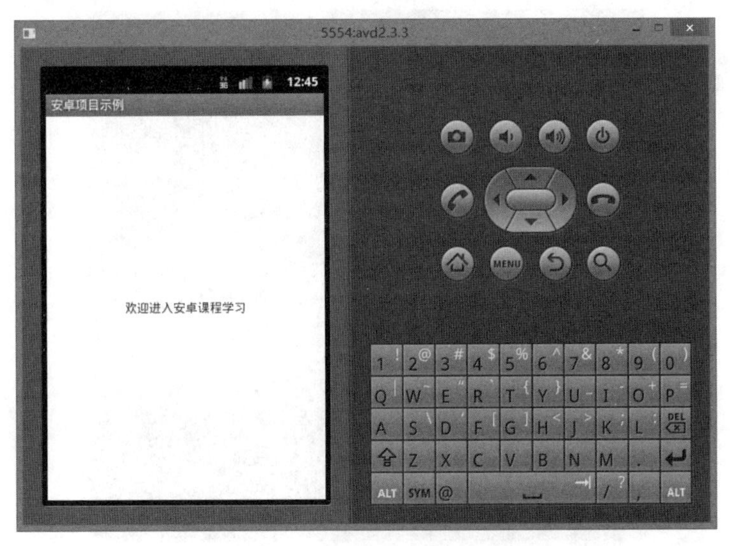

图 1-25　Android 项目创建实战训练

任务 1-3　Android 模拟器的使用

【任务目标】

认识并熟练掌握 Android 模拟器的使用。

【任务描述】

Android 模拟器的使用与 Android 系统手机或平板的使用相似，但是在非触摸屏电脑中需要用鼠标代替手指的操作。本任务主要讲授在应用程序开发过程中需要用到的一些 Android 模拟器的基本配置和操作，这些操作包括：

（1）语言设置。

（2）开发环境设置。

（3）拨号通话操作。

【任务分析】

创建后的 Android 模拟器整个系统默认是使用英文的。对于国内用户而言，这显然不方便。因此在创建后一般都会将其设置为中文。中文的设置不需要编程实现，只需要在模拟器的 Android 系统中对其语言选项进行设置。同时，本任务还会教大家如何设置 Android 系统的开发环境设置，这主要用于使用 Android 智能手机进行运行测试程序。最后体验一下不同模拟器间进行的拨号操作。

【任务实施】

1. 设置中文语言

（1）启动 Android 模拟器（以 Android 2.3.3 版本为例），点击【menu】按钮，弹出如图 1-26 所示的底部菜单选择【Settings】。

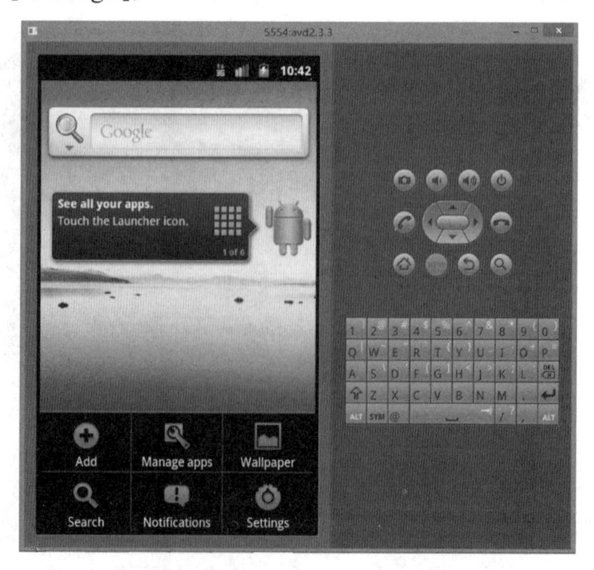

图 1-26　选择【Settings】底部菜单项

（2）在弹出的列表菜单中选择【Language & Keyboard】列表项，如图 1-27 所示。

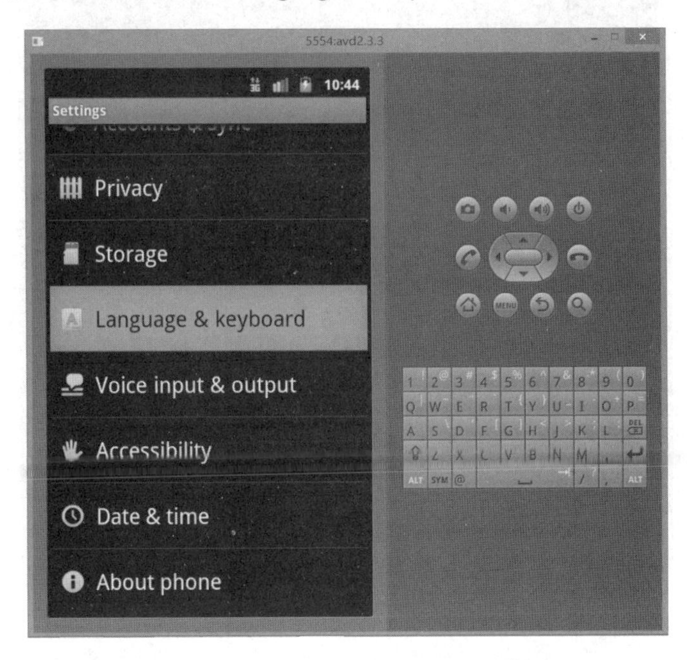

图 1-27　选择【Language & Keyboard】列表项

（3）在弹出的列表菜单中选择【Select Language】列表项，如图 1-28 所示。

图 1-28　选择【Select Language】列表项

（4）在弹出的列表菜单中选择【中文（简体）】列表项，完成中文语言设置，如图 1-29 所示。

图 1-29　选择【中文（简体）】列表项

（5）完成中文设置后的效果如图 1-30 所示。

图 1-30　设置中文效果

2. 设置开发环境

（1）在 Android 模拟器【设置】列表菜单中选择【应用程序】列表项，如图 1-31 所示。

图 1-31 选择【应用程序】列表项

（2）在弹出的列表菜单中选择【开发】列表项，如图 1-32 所示。

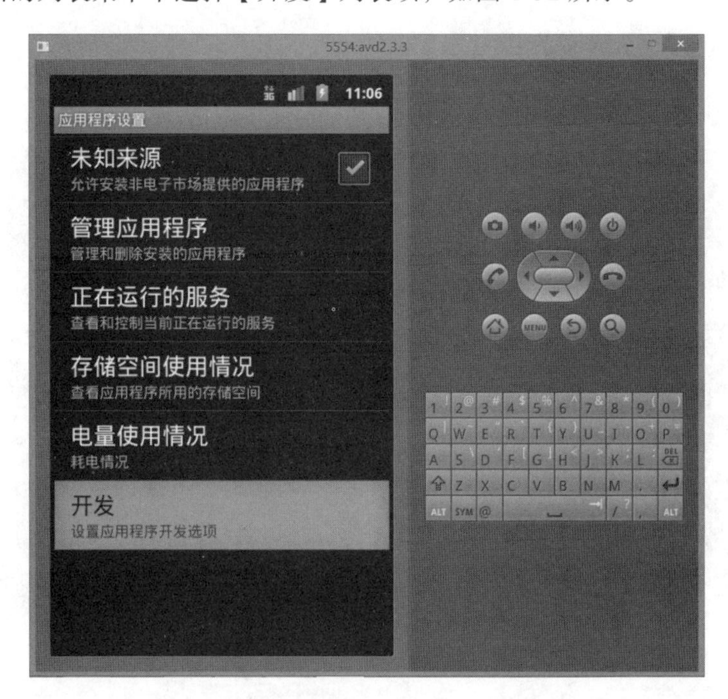

图 1-32 选择【开发】列表项

（3）在弹出的列表菜单中选择【USB 调试】列表项，完成开发设置，如图 1-33 所示。注：该设置可以用于 Android 手机进行程序调试。

图 1-33　选择【USB 调试】列表项

3. **实现 Android 模拟器的拨号通话操作。**

（1）启动 2 个 Android 模拟器，如图 1-34 所示。

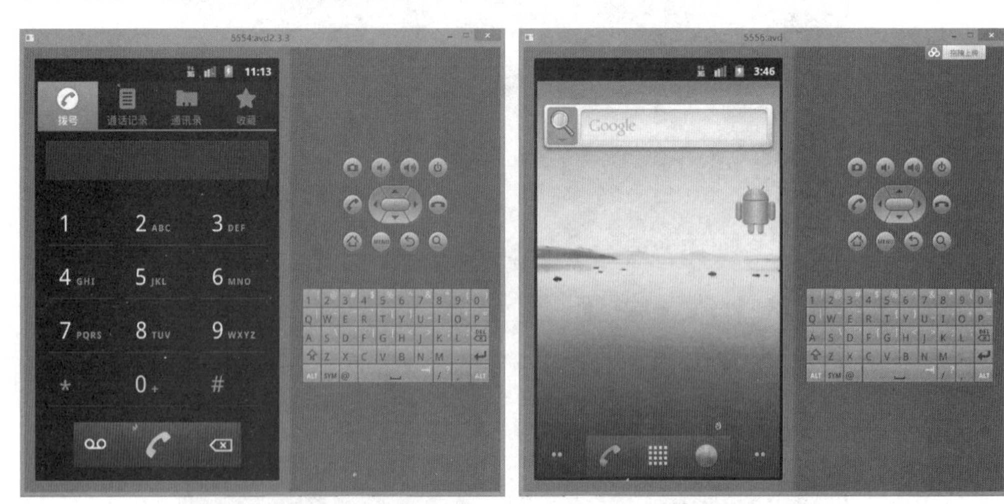

图 1-34　启动 2 个 Android 模拟器

（2）在一个模拟器上启动拨号软件，输入要拨号的模拟器号码，如图 1-35 所示。注：模拟器号码是在标题栏上显示的 4 为数字，如 5556。

图 1-35　拨打模拟器号码

（3）拨号成功，对方模拟器显示来电信息，点击通话接听按钮，完成 Android 模拟器间的拨号通话操作，如图 1-36 所示。

图 1-36　成功拨号效果

【必备知识】

知识点 1：认识 Android 模拟器

Android 模拟器是一个程序，它向用户提供了可以运行 Android 应用的虚拟 ARM 移动设备。开发人员可以通过定义 AVD 来选择模拟器运行的 Android 系统版本，此外还可以自定义虚拟移动设备和键盘映射。在启动和运行模拟器时，开发人员可以使用多种命令和选项来控制模拟器行为。

注：在启动 Android 模拟器时，有 3 种常见方式：使用 AVD 管理工具、使用 eclipse 运行 Android 程序、使用 emulator 命令。

知识点 2：AVD

Android 虚拟设备（AVD）是模拟器的一种配置。开发人员通过定义需要硬件和软件选项来使用 Android 模拟器模拟真实的设备。

一个 Android 虚拟设备（AVD）通常由以下几部分组成：

硬件配置：定义虚拟设备的硬件特性。例如，开发人员可以定义该设备是否包含摄像头、是否使用拨号键盘、内存大小等。

映射的系统镜像：开发人员可以定义虚拟设备运行的 Android 平台版本。

其他选项：开发人员可以指定需要使用的模拟器皮肤、屏幕尺寸、外观等。此外，还可以指定 Android 虚拟设备使用的 SD 卡。

开发电脑上的专用存储区域：用于存储当前设备的用户数据（安装的应用程序、设置等）和模拟 SD 卡。

知识点 3：Android 模拟器的按键控制方式

模拟器按键	键盘按键
Home	Home 键
Menu	F2 或 Page Up 键
Star	Shift+f2 或者 Page Down 键
Back	ESC 键
Call	F3 键
Hangup	F4 键
Search	F5 键
Power	F7 键
音里增加	KEYPAD_PLUS 或者 Ctrl+F5
音量减少	KEYPAD_MINUS 或者 Ctrl+F6
Camera	Ctrl-KEYPAD_5 或者 Ctrl+F3
切换到先前的布局方向（例如横向或者纵向）	KEYPAD_7 或者 Ctrl+F11
切换到下一个布局方向（例如横向或者纵向）	KEYPAD_9 或者 Ctrl+F12
开启关闭电话网络	F8 键
切换代码分析	F9 键（与 trace 启动选项连用）
切换全屏模式	Alt+Enter
切换轨迹球模式	F6 键
临时进入轨迹球模式（当键按下时）	Delete 键
DPad 左/上/右/下	KEYPAD_4/8/6/2
DPad 中间键	KEYPAD_5
透明度增加减少	KEYPAD_MULTIPLY(*)/KEYPAD_DIVIDE(/)

知识点 4：Android 模拟器的限制

Android 模拟器并非万能，它有如下限制：

不支持拨打或接听真实电话，但是可以使用模拟器控制台模拟电话呼叫。

不支持 USB 连接。

不支持相机/视频采集（输入）。

不支持设备连接耳机。

不支持确定连接状态。

不支持确定电量水平和交流充电状态。

不支持确定 SD 卡插入/弹出。

不支持蓝牙。

【实战训练】

完成如图 1-37 所示的 Android 模拟器的屏幕壁纸设置。

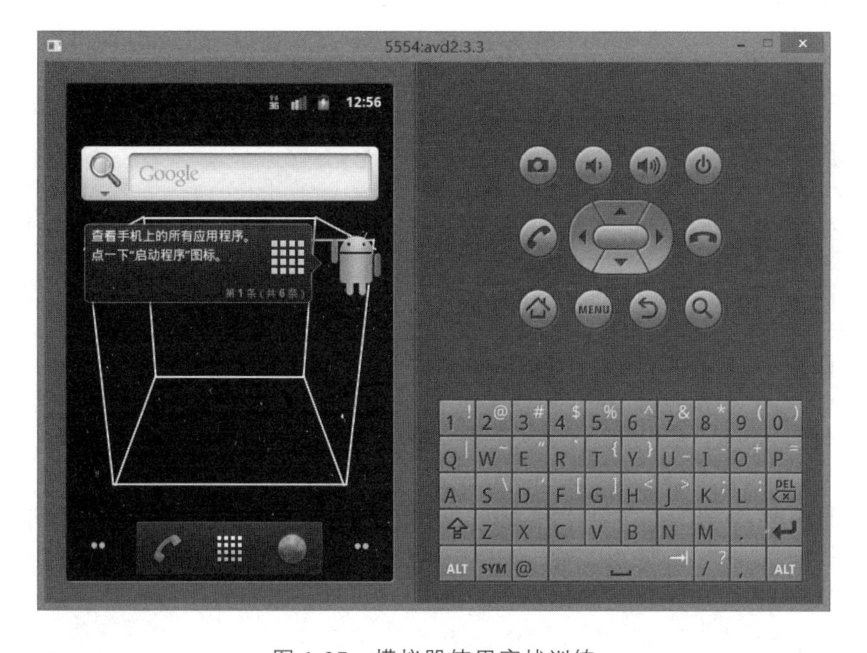

图 1-37　模拟器使用实战训练

任务 1-4　Android 项目资源文件使用

【任务目标】

懂 Android 项目资源文件使用，会字符串、颜色值、尺寸值等资源文件的编写和使用。

【任务描述】

在 Android 项目开发中，将所有应用于项目的内容和数据都视为资源，并有着严格的分类管理和使用。本任务中将向大家介绍 Android 开发中常用的资源及其分类，同时还向大家介绍在 Android 应用程序中如何设置和使用字符串、颜色值、尺寸值等资源。

【任务分析】

在 Android 开发中，字符串、颜色值、尺寸值是作为不同的特定资源进行管理和使用，并有着严格的定义和使用规范。这 3 类资源一般使用 xml 文件进行定义，在程序调用中有着一定的使用规范。其中字符串的定义放在“res/values/strings.xml”文件中，该文件在项目创建时即由系统所自动创建，因此只需要打开文件按要求定义和编程字符串即可。与字符串不同，定义颜色值和尺寸值的 xml 文件在项目中一般不会自动产生，因此需要自己创建。在 Android 开发中，定义颜色值和尺寸值的 xml 文件要求放在“res/values/”目录中（即与 strings.xml 同一目录下）。其中定义颜色值的 xml 命名为“colors.xml”，定义尺寸值的 xml 命名为“dimens.xml”。

【任务实施】

1. 设置字符串

（1）打开项目“testdemo”中“res/values/strings.xml”文件，输入以下 xml 代码：

```
<resources>
    <string name="app_name">testdemo</string>
    <string name="hello_world">欢迎进入安卓课程学习</string>
    <string name="menu_settings">Settings</string>
    <string name="title_activity_main">安卓项目示例</string>
    <string name="textdemo">资源文件使用示例</string>
</resources>
```

（2）打开项目“testdemo”中“res/layout/activity_main.xml”文件，输入以下 xml 代码：

```
<RelativeLayout xmlns:android="http://schemas.android.com/apk/res/android"
    xmlns:tools="http://schemas.android.com/tools"
    android:layout_width="match_parent"
    android:layout_height="match_parent" >
    <TextView
        android:layout_width="wrap_content"
        android:layout_height="wrap_content"
        android:layout_centerHorizontal="true"
        android:layout_centerVertical="true"
        android:text="@string/textdemo"
        tools:context=".MainActivity" />
</RelativeLayout>
```

（3）测试项目“testdemo”，运行效果如图 1-38 所示。

图 1-38　设置字符串效果

2. 设置颜色值

（1）选择项目“testdemo”中“res/values/”文件夹，点击鼠标右键，在弹出的右键菜单中选择【New】→【Other】，在弹出的创建对话框中选择“Android XML File”，点击【Next】按钮进入下一步，如图 1-39 所示。

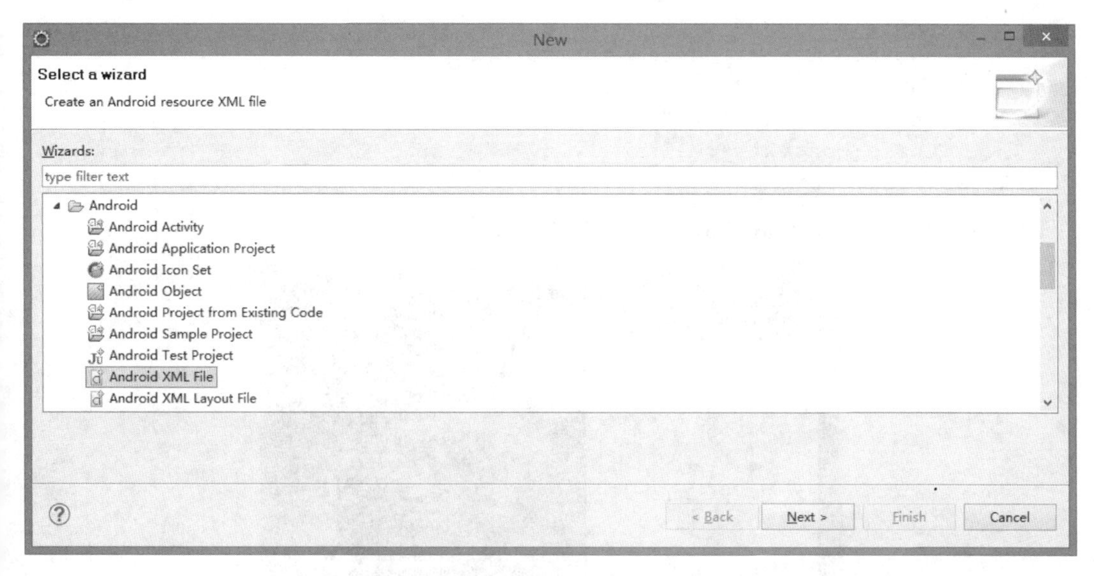

图 1-39　选择“Android XML File”

（2）将创建的“Android XML File”命名为“colors.xml”，点击【Finish】按钮完成颜色资源文件的创建，如图 1-40 所示。

图 1-40　创建 colors.xml

（3）打开“colors.xml”文件，输入以下代码并保存文件。

```
<?xml version="1.0" encoding="utf-8"?>
<resources>
    <color name="text_color">#F00</color>
</resources>
```

（4）打开“testdemo/res/layout/activity_main.xml”文件，输入以下代码并保存文件。

```
<RelativeLayout xmlns:android="http://schemas.android.com/apk/res/android"
    xmlns:tools="http://schemas.android.com/tools"
    android:layout_width="match_parent"
    android:layout_height="match_parent" >
    <TextView
        android:layout_width="wrap_content"
        android:layout_height="wrap_content"
        android:layout_centerHorizontal="true"
        android:layout_centerVertical="true"
        android:text="@string/textdemo"
        android:textColor="@color/text_color"
        tools:context=".MainActivity" />
</RelativeLayout>
```

（5）测试项目“testdemo”，运行效果如图 1-41 所示。

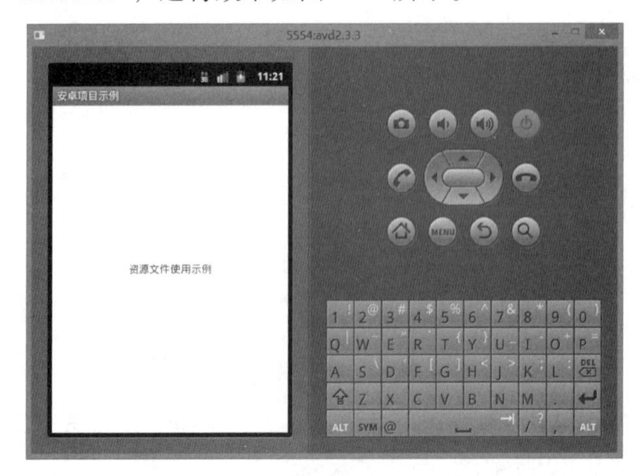

图 1-41　设置颜色值效果

3. 设置尺寸值

（1）在“testdemo/res/values/”中创建“Android XML File”，命名为“dimens.xml”。打开“dimens.xml”文件，输入以下代码并保存文件。

```
<?xml version="1.0" encoding="utf-8"?>
<resources>
    <dimen name="font_size_10">10sp</dimen>
    <dimen name="font_size_12">12sp</dimen>
    <dimen name="font_size_14">14sp</dimen>
    <dimen name="font_size_16">16sp</dimen>
    <dimen name="font_size_22">22sp</dimen>
</resources>
```

（2）打开“testdemo/res/layout/activity_main.xml”文件，输入以下代码并保存文件。

```
<RelativeLayout xmlns:android="http://schemas.android.com/apk/res/android"
    xmlns:tools="http://schemas.android.com/tools"
    android:layout_width="match_parent"
    android:layout_height="match_parent" >
    <TextView
        android:layout_width="wrap_content"
        android:layout_height="wrap_content"
        android:layout_centerHorizontal="true"
        android:layout_centerVertical="true"
        android:text="@string/textdemo"
        android:textColor="@color/text_color"
        android:textSize="@dimen/font_size_22"
        tools:context=".MainActivity" />
</RelativeLayout>
```

（3）测试项目“testdemo”，运行效果如图 1-42 所示。

图 1-42　设置尺寸值效果

【必备知识】

知识点 1：Android 项目资源文件描述

Android 应用程序项目主要由功能（代码指令）和数据（资源文件）两部分构成。其中功能决定应用程序的行为，它包括让应用程序得以运行的所有算法；资源文件包括文本字符串、图像、图标、音频、文件、视频和其他应用程序使用的组件。

知识点 2：Android 项目资源目录结构

res/drawable：专门存放 png、jpg 图标文件。在代码中使用 getResources().getDrawable(resourceId)获取该目录下的资源。

res/layout：专门存放 xml 界面文件，XML 界面文件和 HTML 文件一样，主要用于显示用户操作界面。

res/values：专门存放应用使用到的各种类型数据。不同类型的数据存放在不同的文件中，如下：

strings.xml：定义字符串和数值，在 Activity 中使用 getResources().getString(resourceId) 或 getResources().getText(resourceId)取得资源。它的作用和 struts 中的国际化资源文件一样。

arrays.xml：定义数组。

colors.xml：定义颜色和颜色字串数值，用户可以在 Activity 中使用 getResources().getDrawable(resourceId) 以及 getResources().getColor(resourceId)取得这些资源。

dimens.xml：定义尺寸数据，在 Activity 中使用 getResources().getDimension(resourceId) 取得这些资源

styles.xml：定义样式。

res/anim/：存放定义动画的 XML 文件。

res/xml/：在 Activity 中使用 getResources().getXML()读取该目录下的 XML 资源文件。

res/raw/：该目录用于存放应用使用到的原始文件，如音效文件等。编译软件时，这些数据不会被编译，它们被直接加入到程序安装包里。为了在程序中使用这些资源，用户可以调用 getResources().openRawResource(ID)，参数 ID 形式为 R.raw.somefilename。

【实战训练】

实现如图 1-43 所示的效果。

图 1-43　资源文件使用实战训练

项目小结

本项目简要介绍了 Android 系统及其应用程序开发和应用、Android 软件常用开发技术。为了便于初学者上机实践，着重介绍了 Android 应用程序项目编程和运行环境的安装步骤与配置方法，以及 Android 应用程序项目的目录结构分析和资源文件的使用。

项目重点：熟练掌握 JDK 的安装与配置方法、熟练掌握 Eclipse 的安装与配置方法。熟悉 Android 应用程序集成开发工具的使用，以及使用集成开发环境 Eclipse 创建和运行 Android 应用程序项目。

考核评价

在本项目教学和实施过程中，教师和学生可以根据考核评价表 1-1 对各项任务进行考核评价。考核主要针对学生在技术知识、技能训练、项目实践的掌握程度和完成效果进行评价。

表 1-1　项目 1 考核评价表

<table>
<tr><td rowspan="3">评价内容</td><td colspan="10">评价标准</td></tr>
<tr><td colspan="2">技术知识</td><td colspan="2">技能训练</td><td colspan="2">项目实战</td><td colspan="2">完成效果</td><td colspan="2">总体评价</td></tr>
<tr><td>个人评价</td><td>教师评价</td><td>个人评价</td><td>教师评价</td><td>个人评价</td><td>教师评价</td><td>个人评价</td><td>教师评价</td><td>个人评价</td><td>教师评价</td></tr>
<tr><td>任务 1-1</td><td></td><td></td><td></td><td></td><td></td><td></td><td></td><td></td><td></td><td></td></tr>
<tr><td>任务 1-2</td><td></td><td></td><td></td><td></td><td></td><td></td><td></td><td></td><td></td><td></td></tr>
<tr><td>任务 1-3</td><td></td><td></td><td></td><td></td><td></td><td></td><td></td><td></td><td></td><td></td></tr>
<tr><td>任务 1-4</td><td></td><td></td><td></td><td></td><td></td><td></td><td></td><td></td><td></td><td></td></tr>
<tr><td>存在问题与解决办法
（应对策略）</td><td colspan="10"></td></tr>
<tr><td>学习心得与体会分享</td><td colspan="10"></td></tr>
</table>

注：评价以个人对任务的完成情况的自评和老师的评价相结合，评价结果可以是：合格、良好、优秀。

项目 2　Android 程序布局设计

知识目标

- ◆ 认识 Android 的布局方式；
- ◆ 了解 Android 布局设计方法和技巧；
- ◆ 掌握 Android 应用软件界面的帧布局、线性布局、相对布局、表格布局、绝对布局等布局设计。

技能目标

- ◆ 掌握 Android 应用软件界面基本布局；
- ◆ 会使用 xml 编程实现 Android 应用软件布局设计；
- ◆ 能根据软件要求选择合适的布局方式和完成界面布局设计。

任务导航

- ◆ 任务 2-1　帧布局设计；
- ◆ 任务 2-2　线性布局设计；
- ◆ 任务 2-3　相对布局设计；
- ◆ 任务 2-4　表格布局设计；
- ◆ 任务 2-5　绝对布局设计。

任务 2-1　帧布局设计

【任务目标】

在 Android 系统中使用帧布局完成应用软件界面场景设计。

【任务描述】

帧布局 FrameLayout 是 Android 五大布局之一。在帧布局中，所有显示对象都将固定在屏幕的左上角，不能指定位置，但允许有多个显示对象，只是后一个会直接覆盖在前一个之上显示，会把前面的组件部分或全部挡住。如图 2-1 所示，该界面效果就采用了帧布局设计，将正方形、六边形和十字形等 3 个图形按一定次序叠加在一起，得到了所需的界面效果。

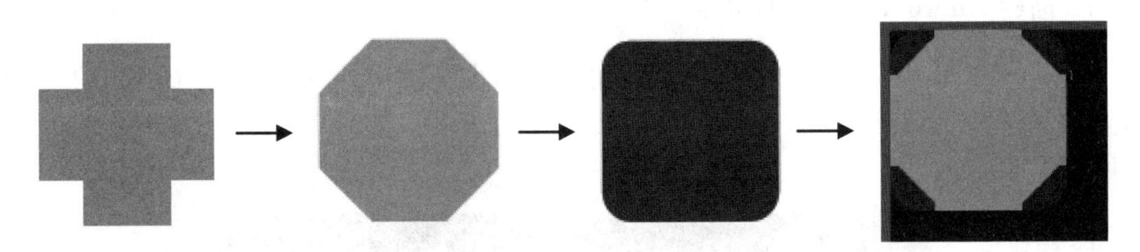

图 2-1　帧布局示意图

根据帧布局的特点，下面来完成如图 2-2 所示的 Android 应用软件界面图案设计。

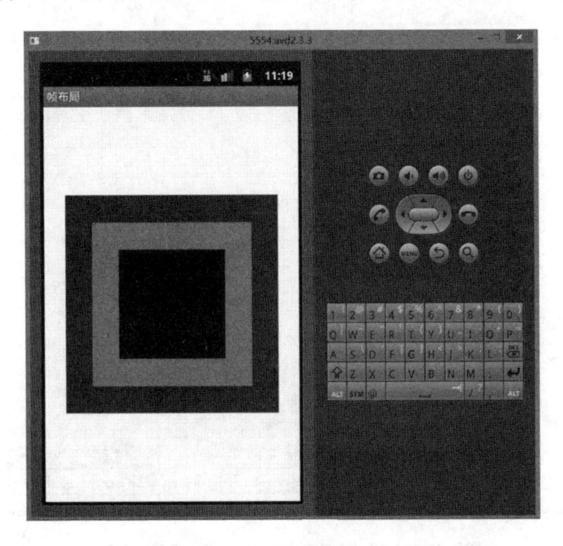

图 2-2　帧布局设计任务

【任务分析】

利用帧布局的特性，采用 TextView 控件叠加的方式来完成上述图案设计。

具体做法：总体界面设计采用帧布局设计，在帧布局 FrameLayout 标签中使用 3 个 TextView 标签，分别将控件背景颜色设置为红色、绿色和蓝色，按次序叠加排列，从而实现所要的图案设计，如图 2-3 所示。

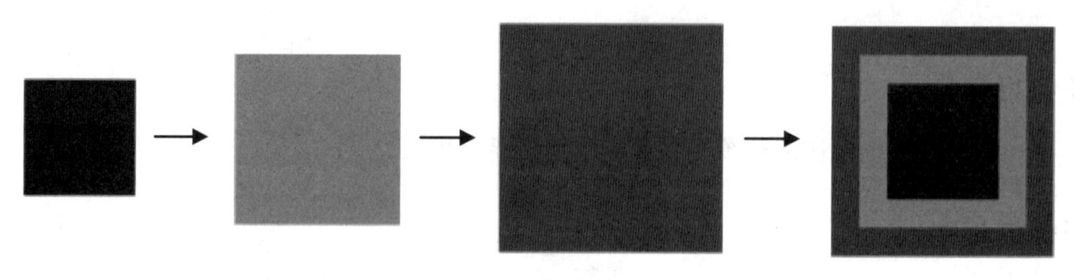

图 2-3　设计方案

【任务实施】

1. 创建 Android 应用程序项目

（1）启动 Eclipse，点击【File】菜单，选择【New】→【Project】菜单项，在弹出的【New Project】对话框中选中【Android Application Project】选项，如图 2-4 所示，单击【Next】进入下一步。

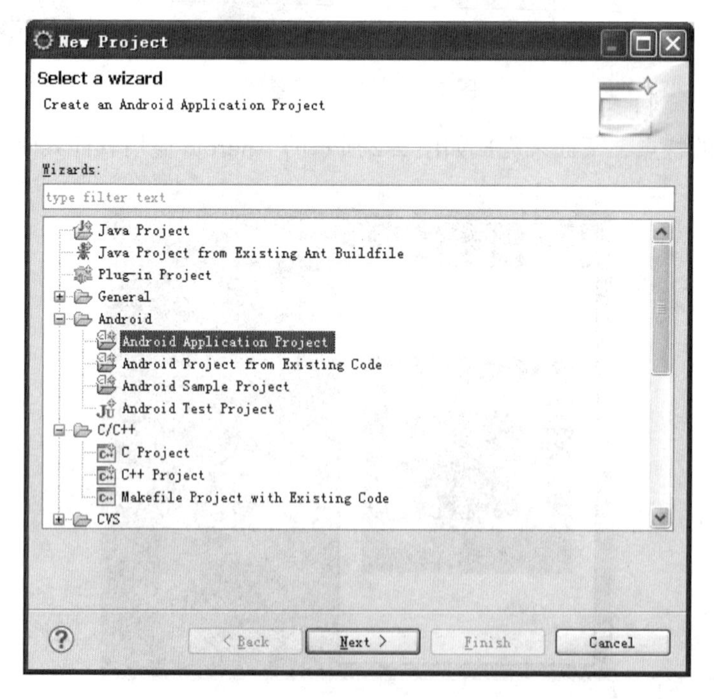

图 2-4　选择 Android 应用程序项目

（2）在弹出的【New Android App】对话框中输入应用程序名称“framelayoutdemo”，单击【Next】进入下一步，如图 2-5 所示。

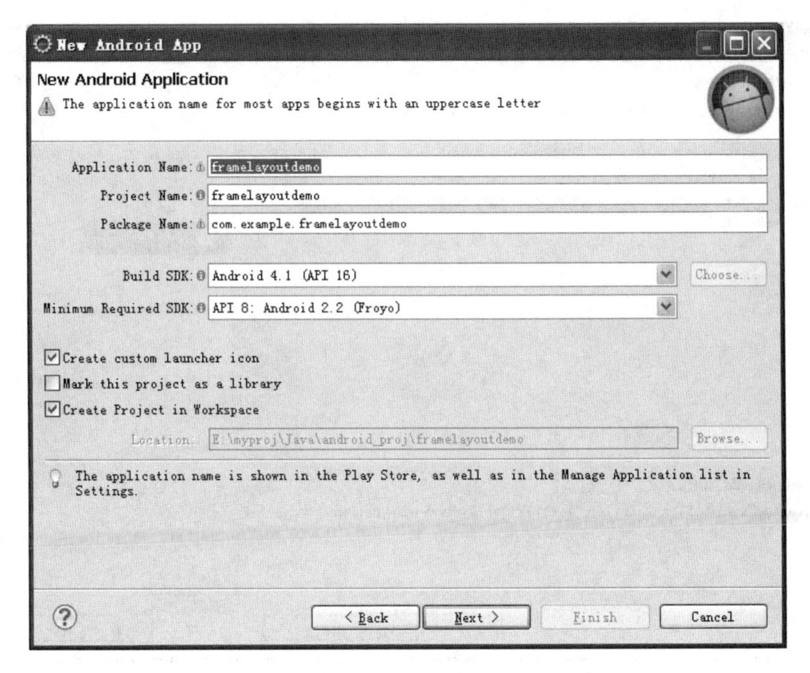

图 2-5　输入 Android 应用程序名称

（3）配置应用程序图标，采用默认设置，单击【Next】进入下一步，如图 2-6 所示。

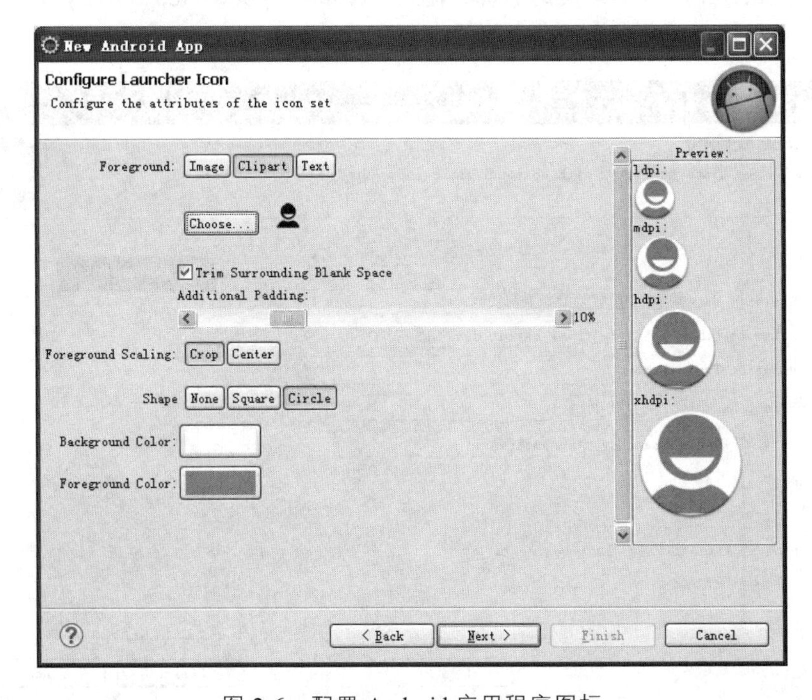

图 2-6　配置 Android 应用程序图标

（4）选择创建的 Activity 类，选择【BlankActivity】，单击【Next】进入下一步，如图 2-7 所示。

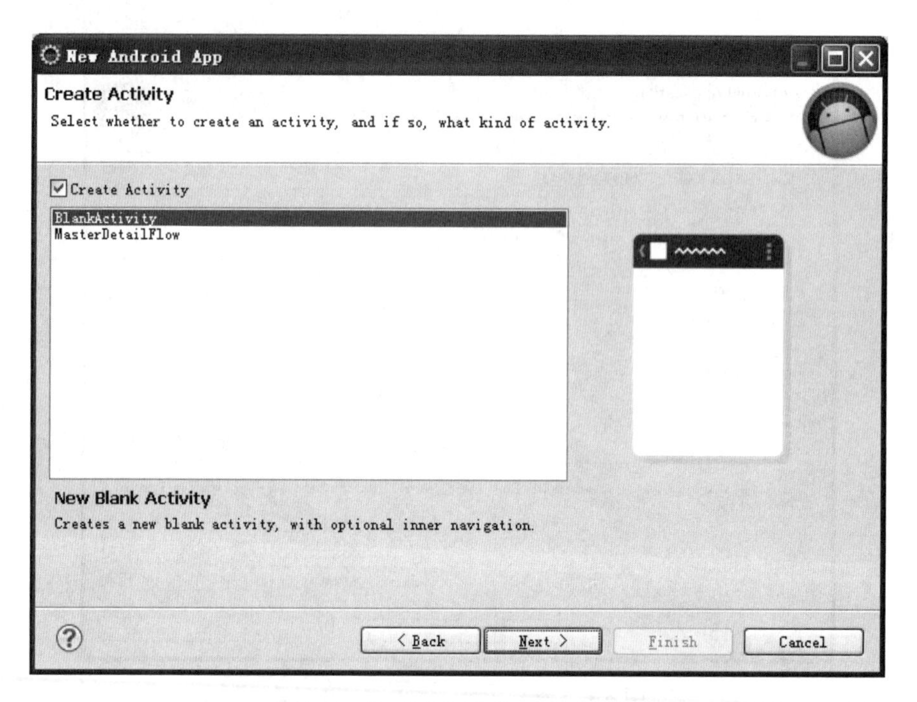

图 2-7 选择要创建的 Activity 类

（5）输入要创建的 Activity 类的名称，输入“FrameLayoutDemoActivity”，单击【Finish】完成 Android 应用程序项目的创建，如图 2-8 所示。

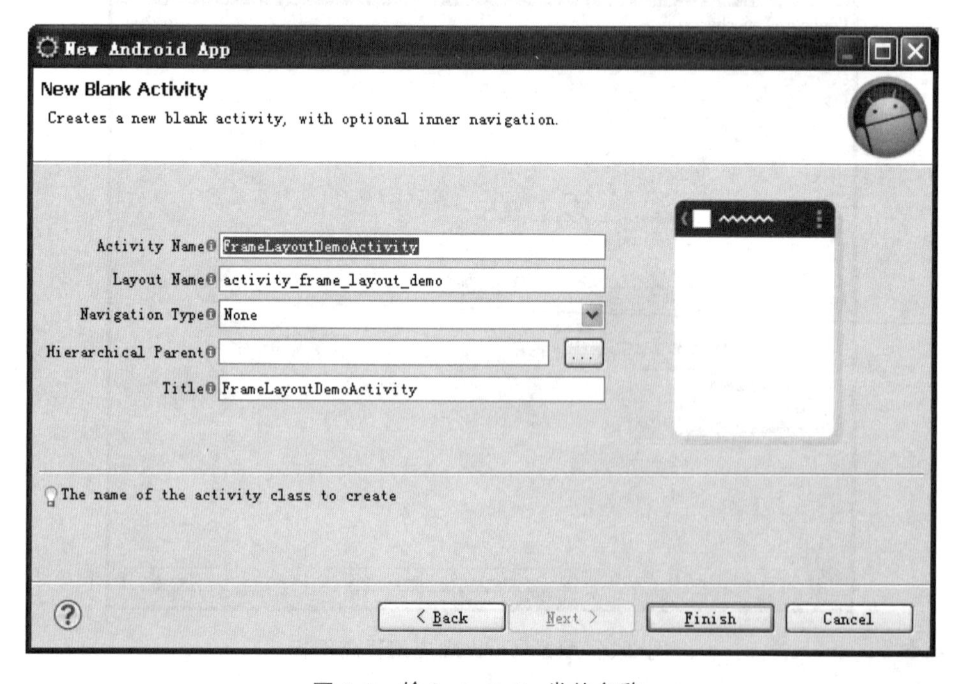

图 2-8 输入 Activity 类的名称

（6）创建后的 Android 应用程序项目架构，如图 2-9 所示。

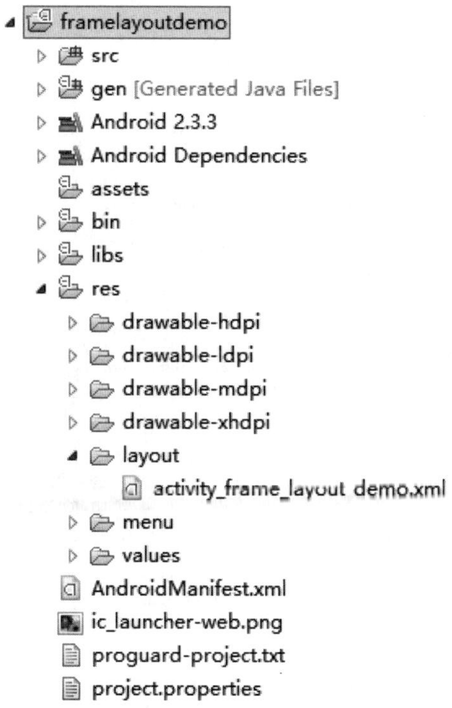

framelayoutdemo
- src
- gen [Generated Java Files]
- Android 2.3.3
- Android Dependencies
- assets
- bin
- libs
- res
  - drawable-hdpi
  - drawable-ldpi
  - drawable-mdpi
  - drawable-xhdpi
  - layout
    - activity_frame_layout demo.xml
  - menu
  - values
- AndroidManifest.xml
- ic_launcher-web.png
- proguard-project.txt
- project.properties

图 2-9　Android 应用程序项目架构

2. Android 应用程序界面代码设计

（1）双击打开“activity_frame_layout_demo.xml”文件，在代码编辑窗口输入以下对应程序代码。

```
<FrameLayout
    android:layout_width="fill_parent"
    android:layout_height="fill_parent" >
    <TextView  android:background="#f00"
       android:layout_gravity="center"
       android:layout_width="400px"
       android:layout_height="400px"/>
    <TextView   android:background="#0f0"
       android:layout_gravity="center"
       android:layout_width="300px"
       android:layout_height="300px"/>
    <TextView   android:background="#00f"
       android:layout_gravity="center"
       android:layout_width="200px"
          android:layout_height="200px"/>
</FrameLayout>
```

（2）保存文件，选择应用程序项目 framelayoutdemo，点击鼠标右键，在弹出的右键菜单中选择【Run As】→【Android Application】菜单项，如图 2-10 所示操作。运行该项目，即可看到效果。

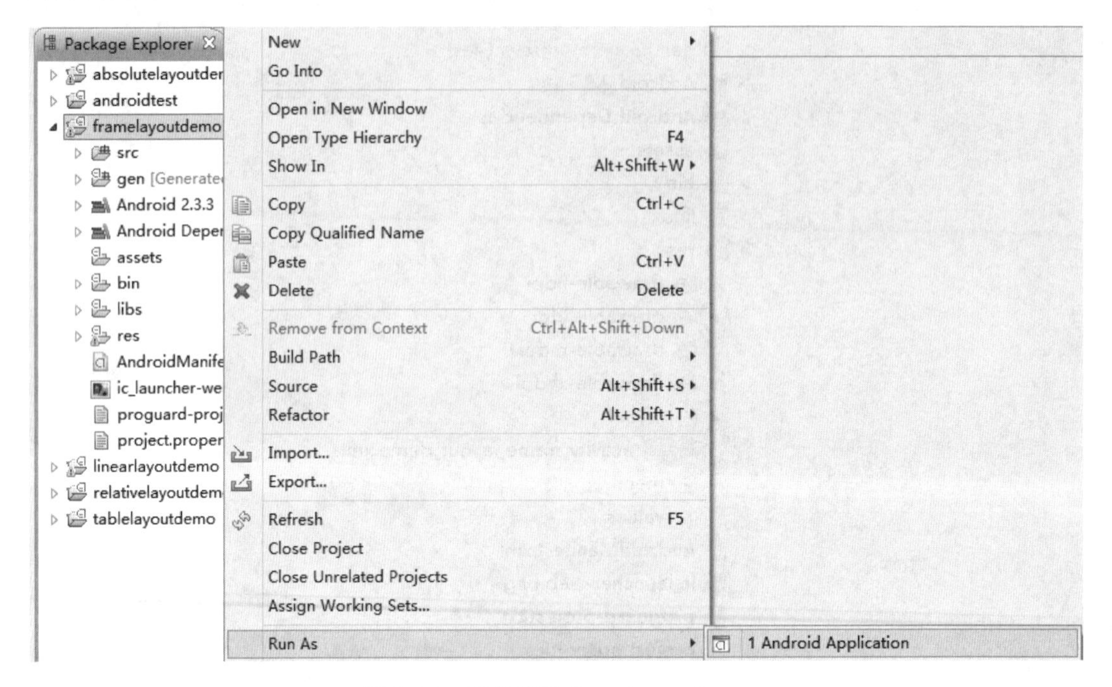

图 2-10　运行项目 framelayoutdemo

【技术知识】

知识点 1：帧布局 FrameLayout

FrameLayout（帧布局）是 Android 布局中较为简单的一个布局，这个布局直接在屏幕上开辟出一块空白的区域，当用户往里面添加控件的时候，会默认把控件放到这块区域的左上角。这种布局方式没有任何的定位方式，所以它应用的场景并不多。帧布局的大小由控件中最大的子控件决定，如果控件的大小一样大的话，那么同一时刻就只能看到最上面的那个组件。后续添加的控件会覆盖前一个。虽然默认会将控件放置在左上角，但是用户也可以通过 layout_gravity 属性，指定到其他的位置。

FrameLayout 常用 XML 属性见表 2-1。

表 2-1　FrameLayout 常用 XML 属性

属性名称	描　述
android:layout_width	指定组件的宽度
android:layout_height	指定组件的高度

知识点 2：TextView

TextView 是用来显示字符串的组件，在手机上就是显示一块文本的区域，其常用 XML 属性见表 2-2。

表 2-2　TextView 常用 XML 属性

属性名称	描　述
android:gravity	当文字小于视图，指定如何对齐文本视图的 X 或 Y 轴
android:height	设置 Textview 的高度
android:text	设置 TextView 文本内容显示
android:textColor	设置显示内容颜色
android:textSize	设置显示内容大小
android:lines	设置 TextView 的行数
android:hint	当文本为空时提示文本显示

【实战训练】

创建一个 Android 应用程序项目，在项目中编程实现如图 2-11 所示的界面效果。

图 2-11　帧布局设计实战任务

任务 2-2　线性布局设计

【任务目标】

在 Android 系统中使用线性布局完成彩色条纹界面的设计。

【任务描述】

线性布局（LinearLayout）是 Android 应用软件最为常用的布局。LinearLayout 类也是 RadioGroup、TabWidget、TableLayout、TableRow、ZoomControls 等类的父类。LinearLayout 可以让它的子元素垂直或水平的方式排成一行（不设置方向的时候默认按照垂直方向排列）。

本任务中，我们将使用线性布局完成如图 2-12 所示的彩色条纹界面的设计。

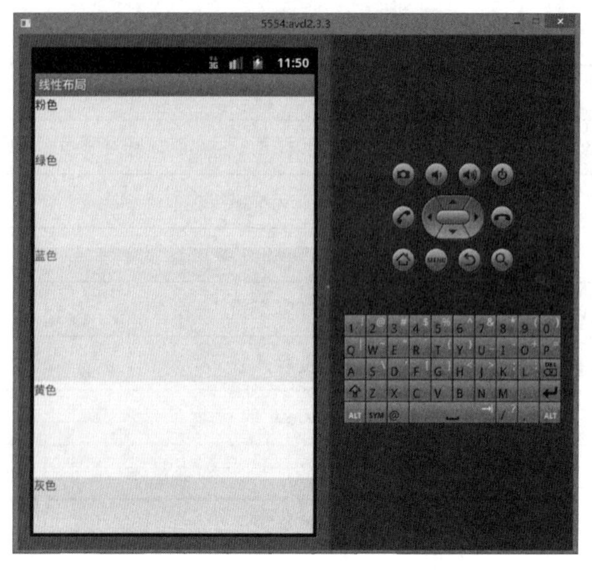

图 2-12　线性布局设计任务

【任务分析】

在线性布局中，内部各组件可以以垂直或水平的方式进行排列，从图 2-12 所示的彩色条形界面可以看出，界面中各颜色色条呈垂直线性排列。因此在本任务中可以将布局内各组件设置为线性垂直排列。

具体做法：首先将界面总体布局设置为线性布局，然后在线性布局中设置 5 个 TextView 控件，并按照次序将 7 个 TextView 控件的颜色分别设为粉色、绿色、蓝色、黄色、灰色等 5 个颜色。

【任务实施】

1. 创建项目

创建一个 Android 应用程序项目，将该项目命名为“linearlayoutdemo”。创建后的项目架构如图 2-13 所示。

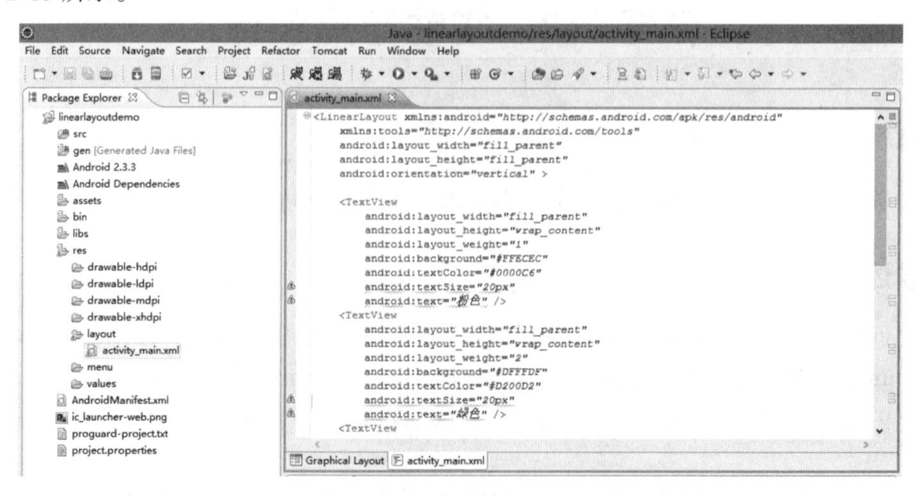

图 2-13　创建项目 linearlayoutdemo

2. 编写程序

在项目“linearlayoutdemo”中双击打开“activity_main.xml”文件，在代码编辑窗口输入对应程序代码，完成界面代码的编写。

```
<LinearLayout android:orientation="vertical"
    android:layout_width="fill_parent"
    android:layout_height="fill_parent" >
    <TextView android:text="粉色"
       android:layout_width="fill_parent"
       android:layout_height="wrap_content"
       android:layout_weight="1"
       android:background="#FFECEC"
       android:textColor="#0000C6"
       android:textSize="20px" />
    <TextView android:text="绿色"
       android:layout_width="fill_parent"
       android:layout_height="wrap_content"
       android:layout_weight="2"
       android:background="#DFFFDF"
       android:textColor="#D200D2"
       android:textSize="20px" />
    <TextView android:text="蓝色"
       android:layout_width="fill_parent"
       android:layout_height="wrap_content"
       android:layout_weight="3"
       android:background="#ECECFF"
       android:textColor="#00AEAE"
       android:textSize="20px" />
    <TextView android:text="黄色"
       android:layout_width="fill_parent"
       android:layout_height="wrap_content"
       android:layout_weight="2"
       android:background="#FFFFDF"
       android:textColor="#D94600"
       android:textSize="20px" />
    <TextView android:text="灰色"
       android:layout_width="fill_parent"
       android:layout_height="wrap_content"
       android:layout_weight="1"
       android:background="#E8E8D0"
       android:textColor="#8F4586"
       android:textSize="20px" />
</LinearLayout>
```

3. 运行调试

保存文件，预览设计效果，如图 2-14 所示。运行项目 linearlayoutdemo，测试程序的运行效果。

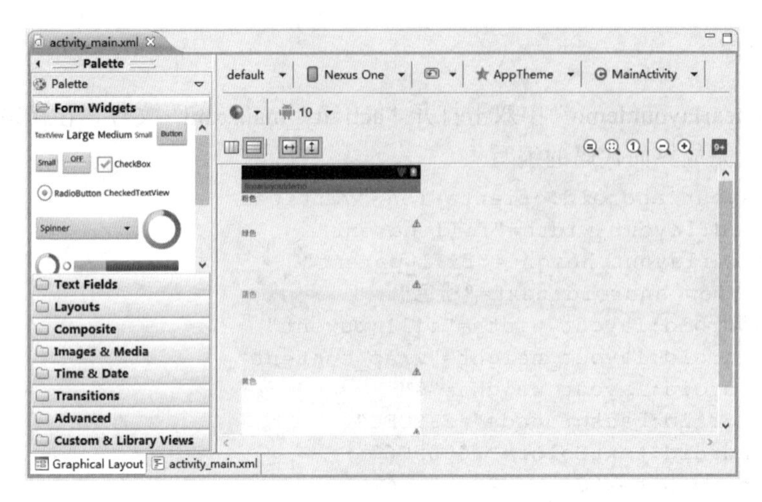

图 2-14　项目 linearlayoutdemo 设计效果

【技术知识】

知识点 1：线性布局 LinearLayout

线性布局可分为水平线性布局和垂直线性布局两种。通过 android:orientation 属性可以设置线性布局的方向，例如：

android:orientation="vertical"，表示垂直线性布局；

android:orientation="horizontal"，表示水平线性布局。

知识点 2：标签属性

常用标签属性见表 2-3。

表 2-3　常用标签属性

属性名称	描　述
android:text	设置标签文字，例如 android:text="Welcome to Android World!"
android:textColor	设置字体颜色，例如 android:textColor="#eeff00"
android:textSize	设置字体大小，例如 android:textSize="18px"
android:background	设置标签背景颜色，例如 android:background="#E8E8D0"
android:layout_weight	设置标签在布局中的相对大小，属性值为非负整数值

【实战训练】

创建一个 Android 应用程序项目，在项目中使用线性布局编程实现如图 2-15 所示的界面效果。

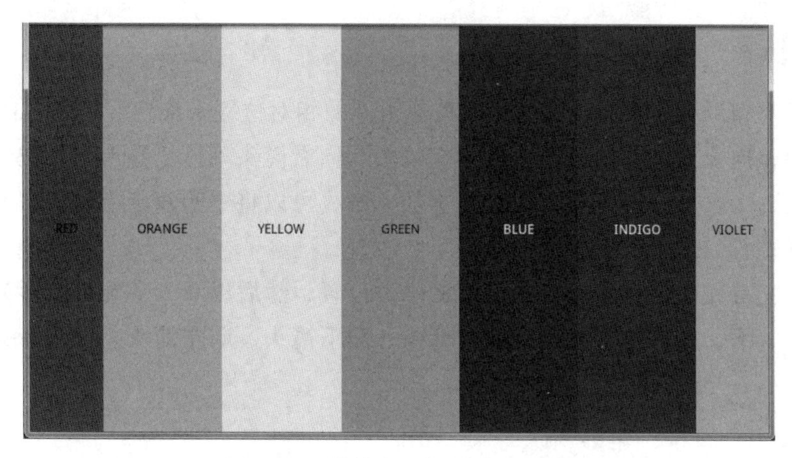

图 2-15　线性布局设计实战任务

任务 2-3　相对布局设计

【任务目标】

在 Android 系统中使用相对布局完成安卓端操控手柄界面的设计。

【任务描述】

相对布局（RelativeLayout）是 Android 系统中的常用布局之一。由于在该布局中，容器内子组件的位置总是相对其他组件的位置来决定，因此称为相对布局。假设 A 组件的位置是由 B 组件的位置来决定的，在相对布局中则要先定义 B 组件，再定义 A 组件。

根据相对布局的特点，我们可以完成如图 2-16 所示的 Android 端应用软件的操控界面设计。

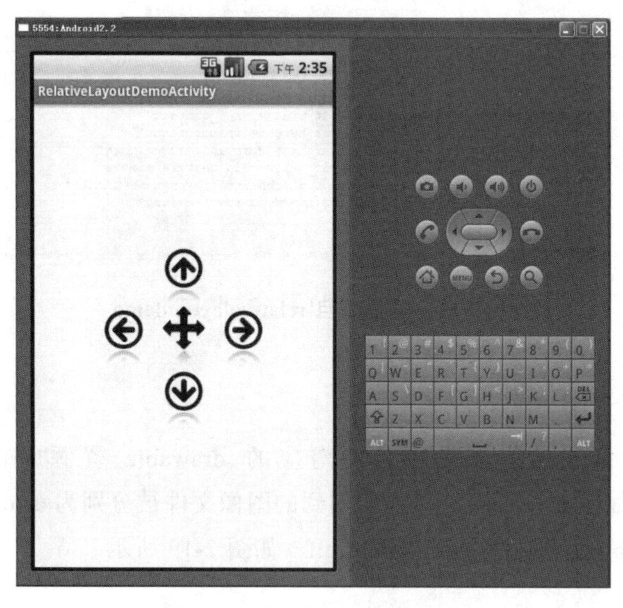

图 2-16　相对布局设计任务

【任务分析】

由于在相对布局中，内部各组件是以其他组件的相对位置来决定，从图 2-16 所示的操控界面可以看出，向上箭头、向下箭头、向左箭头、向右箭头等 4 个图形正好位于中心双十字箭头图形的上、下、左、右位置，因此在本任务中，可以将中心双十字箭头图形作为其他 4 个图形的基准位置。

具体做法：首先确定双十字箭头图形的中心位置，然后以双十字箭头图形为基准位置，分别在它的上、下、左、右方向确定向上箭头、向下箭头、向左箭头、向右箭头等 4 个图形的位置。

【任务实施】

1. 创建项目

创建一个 Android 应用程序项目，将该项目命名为 relativelayoutdemo。创建后的项目架构如图 2-17 所示。

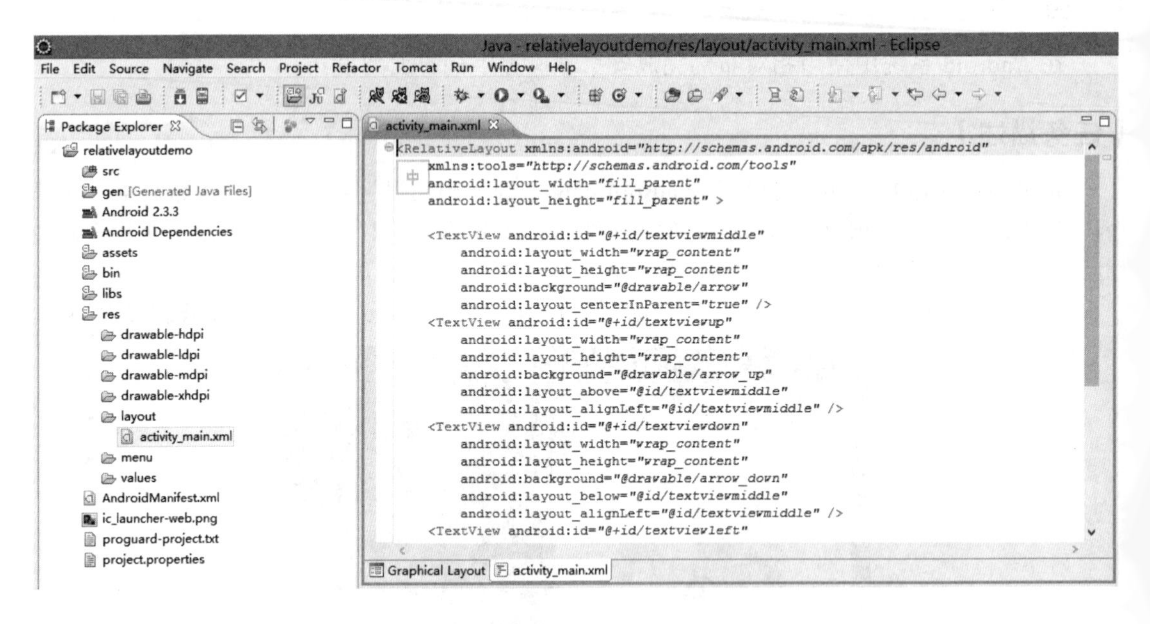

图 2-17　创建项目 relativelayoutdemo

2. 准备素材

将所用到的图像文件复制到项目中对应的 drawable 资源中，这里可以复制到 drawable-xhdpi 里，如图 2-18 所示。注：所用到的图像文件被分别为 arrow.gif、arrow_up.gif、arrow_down.gif、arrow_left.gif、arrow_right.gif，如图 2-19 所示。

```
◢ res
  ▷ drawable-hdpi
  ▷ drawable-ldpi
  ▷ drawable-mdpi
  ◢ drawable-xhdpi
      arrow_down.gif
      arrow_left.gif
      arrow_right.gif
      arrow_up.gif
      arrow.gif
      ic_action_search.png
      ic_launcher.png
```

图 2-18　图像文件复制到项目中的 drawable-xhdpi

arrow.gif

arrow_down.gif

arrow_left.gif

arrow_right.gif

arrow_up.gif

图 2-19　操控界面图像文件资源

3. 编写程序

在项目 relativelayoutdemo 中双击打开“activity_main.xml”文件，在代码编辑窗口输入以下程序代码，完成界面代码的编写。

```
<RelativeLayout android:orientation="vertical"
    android:layout_width="fill_parent"
    android:layout_height="fill_parent"  >
    <TextView android:id="@+id/textviewmiddle"
       android:layout_width="wrap_content"
       android:layout_height="wrap_content"
       android:background="@drawable/arrow"
       android:layout_centerInParent="true" />
    <TextView  android:id="@+id/textviewup"
       android:layout_width="wrap_content"
       android:layout_height="wrap_content"
       android:background="@drawable/arrow_up"
       android:layout_above="@id/textviewmiddle"
       android:layout_alignLeft="@id/textviewmiddle" />
    <TextView  android:id="@+id/textviewdown"
       android:layout_width="wrap_content"
       android:layout_height="wrap_content"
       android:background="@drawable/arrow_down"
       android:layout_below="@id/textviewmiddle"
```

```
        android:layout_alignLeft="@id/textviewmiddle" />
    <TextView  android:id="@+id/textviewleft"
        android:layout_width="wrap_content"
        android:layout_height="wrap_content"
        android:background="@drawable/arrow_left"
        android:layout_toLeftOf="@id/textviewmiddle"
        android:layout_alignTop="@id/textviewmiddle" />
    <TextView  android:id="@+id/textviewright"
        android:layout_width="wrap_content"
        android:layout_height="wrap_content"
        android:background="@drawable/arrow_right"
        android:layout_toRightOf="@id/textviewmiddle"
        android:layout_alignTop="@id/textviewmiddle" />
</RelativeLayout>
```

4. 运行调试

保存文件，预览设计效果，如图 2-20 所示。运行应用程序项目 relativelayoutdemo，测试程序的运行效果。

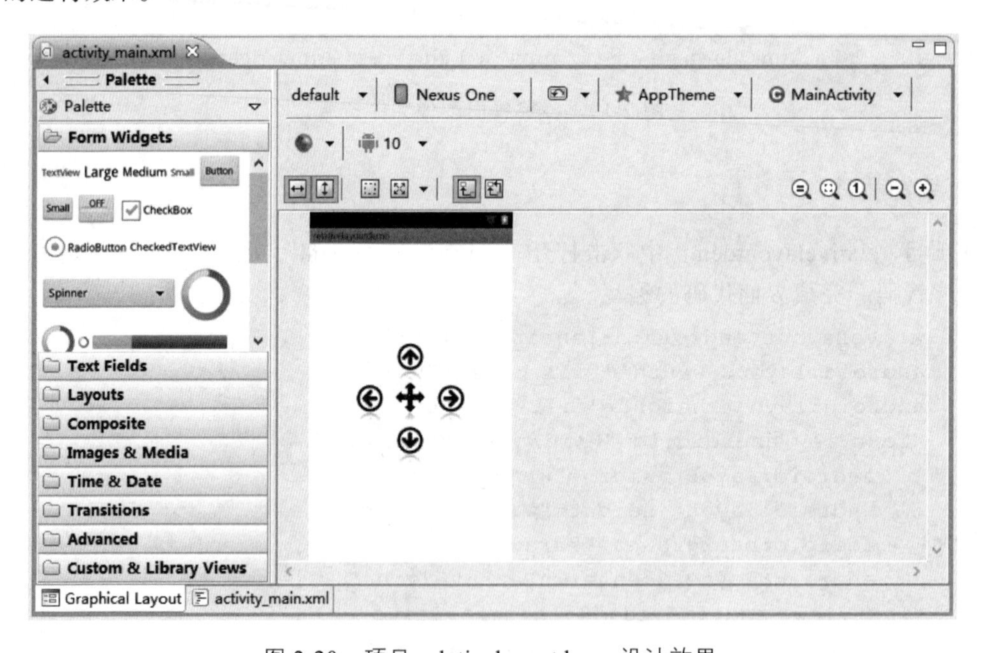

图 2-20　项目 relativelayoutdemo 设计效果

【技术知识】

知识点 1：相对布局 RelativeLayout

相对布局可以理解为以某一个元素为参照物来定位的布局方式。相对于兄弟元素可以使用 android:layout_below、android:layout_toLeftOf 等属性来定位，相对于父元素可以使用 android:layout_alignParentLeft、android:layout_alignParentRigh 等属性定位。

知识点 2：标签属性

常用标签属性见表 2-4。

表 2-4　常用标签属性

属性名称	描　述
android:layout_below	定位在某元素的下方，属性值为 id 的引用名。例如 android:layout_below="@id/textviewmiddle"
android:layout_above	定位在某元素的上方，属性值为 id 的引用名
android:layout_toLeftOf	定位在某元素的左边，属性值为 id 的引用名。例如 android:layout_toLeftOf="@id/textviewmiddle"
android:layout_toRightOf	定位在某元素的右边，属性值为 id 的引用名。例如 android:layout_toRightOf="@id/textviewmiddle"
android:layout_alignTop	本元素的上边缘和某元素的上边缘对齐
android:layout_alignLeft	本元素的左边缘和某元素的左边缘对齐
android:layout_alignBottom	本元素的下边缘和某元素的下边缘对齐
android:layout_alignRight	本元素的右边缘和某元素的右边缘对齐
android:layout_centerInparent	相对于父元素完全居中。属性值为 true 或 false
android:layout_alignParentLeft	贴紧父元素的左边缘。属性值为 true 或 false
android:layout_alignParentRigh	贴紧父元素的右边缘。属性值为 true 或 false
android:layout_alignParentTop	贴紧父元素的上边缘。属性值为 true 或 false
android:layout_alignParentBottom	贴紧父元素的下边缘。属性值为 true 或 false

【实战训练】

创建一个 Android 应用程序项目，在项目中使用相对布局编程实现如图 2-21 所示的界面效果。

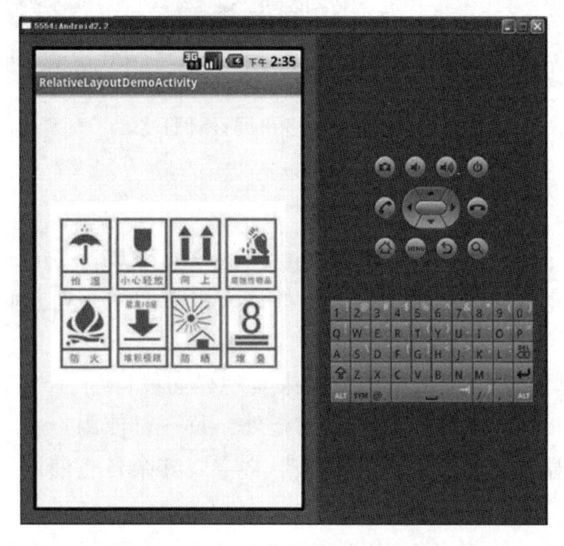

图 2-21　相对布局设计实战任务

任务 2-4　表格布局设计

【任务目标】

在 Android 系统中使用表格布局完成色彩透明度效果演示的设计。

【任务描述】

线性布局（TableLayout）是 Android 五大常用布局之一。TableLayout 以行和列的形式管理子元素。TableLayout 并不需要明确地声明包含多少行、多少列，而是通过 TableRow 和其他组件来控制表格的行数和列数，总列数由列数最多的那一行决定。在表格布局中，列的宽度由该列中最宽的单元格决定，整个表格布局的宽度取决于父容器的宽度（默认是占满父容器本身）。

本任务中，我们将使用表格布局完成一个色彩透明度效果演示设计，如图 2-22 所示。

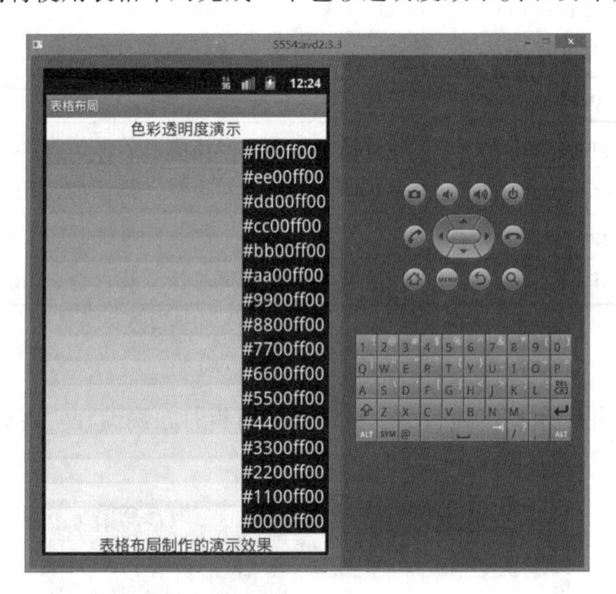

图 2-22　表格布局设计任务

【任务分析】

在表格布局 TableLayout 中，行可以由 TableRow 进行控制。TableRow 也是容器，可以向 TableRow 里面添加其他组件，每添加一个组件该表格就增加一列。如果直接在 TableLayout 里面添加组件，那么该组件就直接占用一行。

鉴于此，采用如图 2-23 所示的布局方式来实现界面设计。

具体做法：在 TableLayout 中，除最后一行外，每一行使用一个 TableRow，第一行内只用 1 个 TextView 用于显示“色彩透明度测试”文字，其余各行使用 2 个 TextView，分别显示色彩和标明色彩值。

值得注意的是，最后一行没有使用 TableRow，而直接用了一个 TextView 来增加一行。

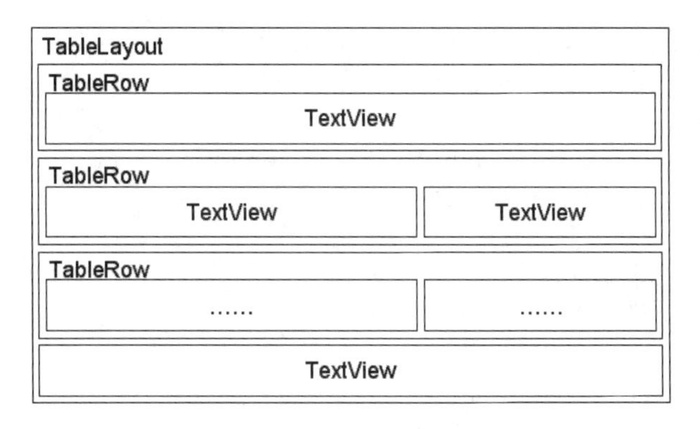

图 2-23 表格布局设计任务分析

【任务实施】

1. 创建项目

创建一个 Android 应用程序项目，将该项目命名为 tablelayoutdemo。创建后的项目架构如图 2-24 所示。

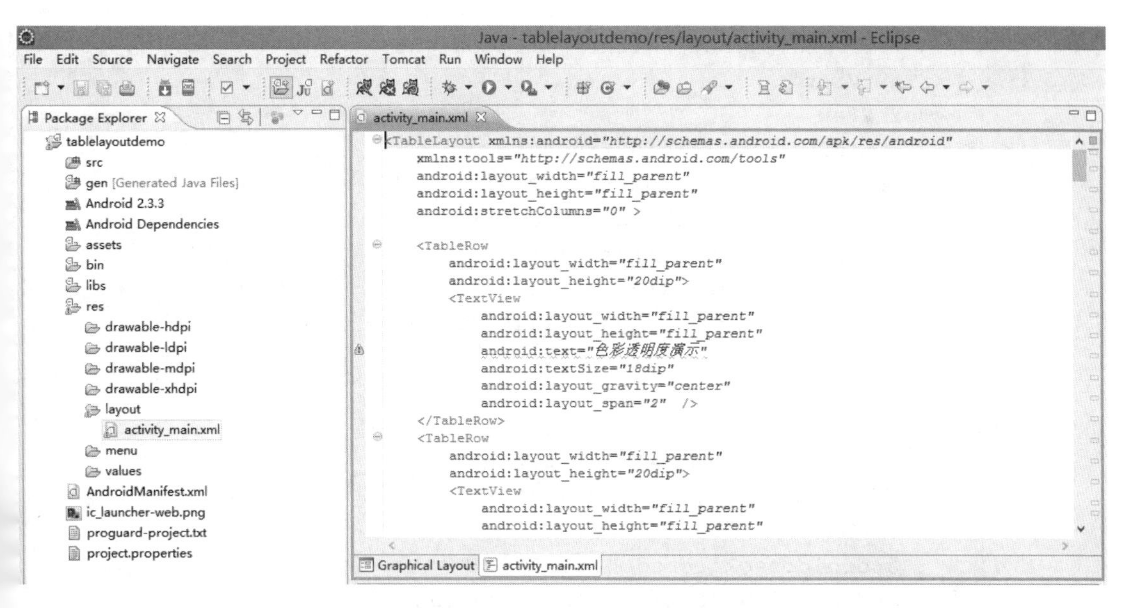

图 2-24 创建项目 tablelayoutdemo

2. 编写程序

在项目“tablelayoutdemo”中双击打开“activity_table_layout.xml”文件，在代码编辑窗口输入以下程序代码，完成界面代码的编写。

```
<TableLayout
    android:id="@+id/TableLayout01"
     android:layout_width="fill_parent"
```

```
    android:layout_height="fill_parent"
    android:stretchColumns="0" >
    <TableRow
        android:layout_width="fill_parent"
android:layout_height="20dip">
<TextView
android:text="色彩透明度测试"
android:textSize="18dip"
android:layout_span="2"
android:layout_gravity="center"
android:layout_width="fill_parent"
android:layout_height="fill_parent">
</TextView>
    </TableRow>
    <TableRow
        android:layout_width="fill_parent"
        android:layout_height="20dip">
        <TextView
            android:background="#ff00ff00"
            android:layout_width="fill_parent"
            android:layout_height="fill_parent">
        </TextView>
        <TextView
            android:text="#ff00ff00"
            android:background="#000"
            android:textSize="20dip"
            android:textColor="#fff"
            android:layout_width="fill_parent"
            android:layout_height="fill_parent">
        </TextView>
    </TableRow>
    <TableRow
        android:layout_width="fill_parent"
        android:layout_height="20dip">
        <TextView
            android:background="#ee00ff00"
            android:layout_width="fill_parent"
            android:layout_height="fill_parent">
        </TextView>
        <TextView
            android:text="#ee00ff00"
            android:background="#000"
            android:textSize="20dip"
            android:textColor="#fff"
            android:layout_width="fill_parent"
            android:layout_height="fill_parent">
        </TextView>
```

```
</TableRow>
<TableRow
   android:layout_width="fill_parent"
   android:layout_height="20dip">
   <TextView
      android:background="#dd00ff00"
      android:layout_width="fill_parent"
      android:layout_height="fill_parent">
   </TextView>
   <TextView
      android:text="#dd00ff00"
      android:background="#000"
      android:textSize="20dip"
      android:textColor="#fff"
      android:layout_width="fill_parent"
      android:layout_height="fill_parent">
   </TextView>
</TableRow>
<TableRow
   android:layout_width="fill_parent"
   android:layout_height="20dip">
   <TextView
      android:background="#cc00ff00"
      android:layout_width="fill_parent"
      android:layout_height="fill_parent">
   </TextView>
   <TextView
      android:text="#cc00ff00"
      android:background="#000"
      android:textSize="20dip"
      android:textColor="#fff"
      android:layout_width="fill_parent"
      android:layout_height="fill_parent">
   </TextView>
</TableRow>
<TableRow
   android:layout_width="fill_parent"
   android:layout_height="20dip">
   <TextView
      android:background="#bb00ff00"
      android:layout_width="fill_parent"
      android:layout_height="fill_parent">
   </TextView>
   <TextView
      android:text="#bb00ff00"
      android:background="#000"
      android:textSize="20dip"
```

```
        android:textColor="#fff"
        android:layout_width="fill_parent"
        android:layout_height="fill_parent">
    </TextView>
</TableRow>
<TableRow
    android:layout_width="fill_parent"
    android:layout_height="20dip">
    <TextView
        android:background="#aa00ff00"
        android:layout_width="fill_parent"
        android:layout_height="fill_parent">
    </TextView>
    <TextView
        android:text="#aa00ff00"
        android:background="#000"
        android:textSize="20dip"
        android:textColor="#fff"
        android:layout_width="fill_parent"
        android:layout_height="fill_parent">
    </TextView>
</TableRow>
<TableRow
    android:layout_width="fill_parent"
    android:layout_height="20dip">
    <TextView
        android:background="#9900ff00"
        android:layout_width="fill_parent"
        android:layout_height="fill_parent">
    </TextView>
    <TextView
        android:text="#9900ff00"
        android:background="#000"
        android:textSize="20dip"
        android:textColor="#fff"
        android:layout_width="fill_parent"
        android:layout_height="fill_parent">
    </TextView>
</TableRow>
<TableRow
    android:layout_width="fill_parent"
    android:layout_height="20dip">
    <TextView
        android:background="#8800ff00"
        android:layout_width="fill_parent"
        android:layout_height="fill_parent">
    </TextView>
```

```
        <TextView
            android:text="#8800ff00"
            android:background="#000"
            android:textSize="20dip"
            android:textColor="#fff"
            android:layout_width="fill_parent"
            android:layout_height="fill_parent">
        </TextView>
    </TableRow>
    <TableRow
        android:layout_width="fill_parent"
        android:layout_height="20dip">
        <TextView
            android:background="#7700ff00"
            android:layout_width="fill_parent"
            android:layout_height="fill_parent">
        </TextView>
        <TextView
            android:text="#7700ff00"
            android:background="#000"
            android:textSize="20dip"
            android:textColor="#fff"
            android:layout_width="fill_parent"
            android:layout_height="fill_parent">
        </TextView>
    </TableRow>
    <TableRow
        android:layout_width="fill_parent"
        android:layout_height="20dip">
        <TextView
            android:background="#6600ff00"
            android:layout_width="fill_parent"
            android:layout_height="fill_parent">
        </TextView>
        <TextView
            android:text="#6600ff00"
            android:background="#000"
            android:textSize="20dip"
            android:textColor="#fff"
            android:layout_width="fill_parent"
            android:layout_height="fill_parent">
        </TextView>
    </TableRow>
    <TableRow
        android:layout_width="fill_parent"
        android:layout_height="20dip">
        <TextView
```

```
            android:background="#5500ff00"
            android:layout_width="fill_parent"
            android:layout_height="fill_parent">
        </TextView>
        <TextView
            android:text="#5500ff00"
            android:background="#000"
            android:textSize="20dip"
            android:textColor="#fff"
            android:layout_width="fill_parent"
            android:layout_height="fill_parent">
        </TextView>
    </TableRow>
    <TableRow
        android:layout_width="fill_parent"
        android:layout_height="20dip">
        <TextView
            android:background="#4400ff00"
            android:layout_width="fill_parent"
            android:layout_height="fill_parent">
        </TextView>
        <TextView
            android:text="#4400ff00"
            android:background="#000"
            android:textSize="20dip"
            android:textColor="#fff"
            android:layout_width="fill_parent"
            android:layout_height="fill_parent">
        </TextView>
    </TableRow>
    <TableRow
        android:layout_width="fill_parent"
        android:layout_height="20dip">
        <TextView
            android:background="#3300ff00"
            android:layout_width="fill_parent"
            android:layout_height="fill_parent">
        </TextView>
        <TextView
            android:text="#3300ff00"
            android:background="#000"
            android:textSize="20dip"
            android:textColor="#fff"
            android:layout_width="fill_parent"
            android:layout_height="fill_parent">
        </TextView>
    </TableRow>
```

```
<TableRow
    android:layout_width="fill_parent"
    android:layout_height="20dip">
    <TextView
        android:background="#2200ff00"
        android:layout_width="fill_parent"
        android:layout_height="fill_parent">
    </TextView>
    <TextView
        android:text="#2200ff00"
        android:background="#000"
        android:textSize="20dip"
        android:textColor="#fff"
        android:layout_width="fill_parent"
        android:layout_height="fill_parent">
    </TextView>
</TableRow>
<TableRow
    android:layout_width="fill_parent"
    android:layout_height="20dip">
    <TextView
        android:background="#1100ff00"
        android:layout_width="fill_parent"
        android:layout_height="fill_parent">
    </TextView>
    <TextView
        android:text="#1100ff00"
        android:background="#000"
        android:textSize="20dip"
        android:textColor="#fff"
        android:layout_width="fill_parent"
        android:layout_height="fill_parent">
    </TextView>
</TableRow>
<TableRow
    android:layout_width="fill_parent"
    android:layout_height="20dip">
    <TextView
        android:background="#0000ff00"
        android:layout_width="fill_parent"
        android:layout_height="fill_parent">
    </TextView>
    <TextView
        android:text="#0000ff00"
        android:background="#000"
        android:textSize="20dip"
        android:textColor="#fff"
```

```
            android:layout_width="fill_parent"
            android:layout_height="fill_parent">
        </TextView>
    </TableRow>
    <TextView android:text="表格布局制作的演示效果"
        android:textSize="18dip"
        android:gravity="center_horizontal"
        android:layout_width="fill_parent"
        android:layout_height="wrap_content">
    </TextView>
</TableLayout>
```

3. 运行调试

保存文件，预览设计效果，如图 2-25 所示。运行应用程序项目 tablelayoutdemo，测试程序的运行效果。

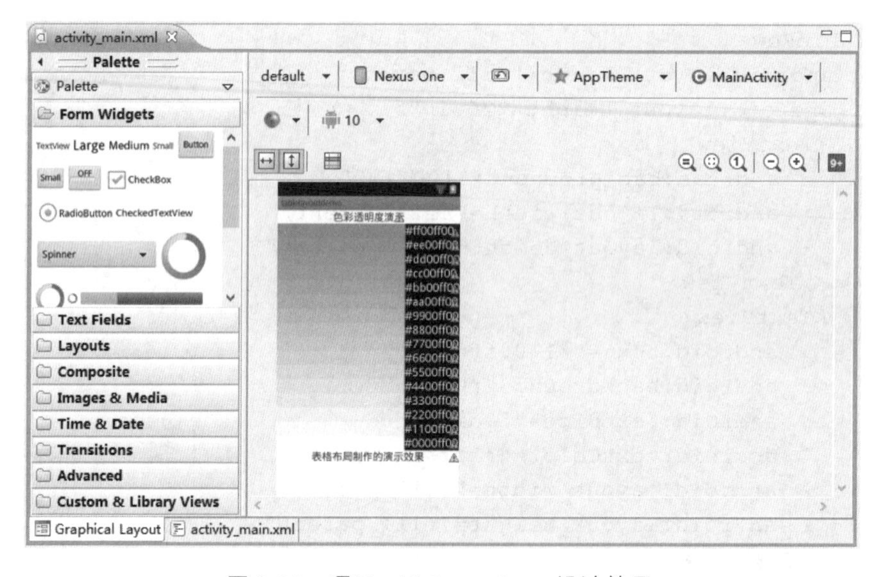

图 2-25　项目 tablelayoutdemo 设计效果

【技术知识】

知识点 1：表格布局 TableLayout

表格布局以行列的形式管理子控件，每一行设置一个 TableRow 标签，也可以是一个 View 标签。TableRow 可以添加子控件，每添加一个为一列。

知识点 2：标签属性

常用标签属性见表 2-5。

表 2-5　常用标签属性

属性名称	描　述
android:stretchColumns	设置指定的列为可伸展的列，以填满剩下的多余空白空间，若有多列需要设置为可伸展，用逗号将需要伸展的列序号隔开
android:shrinkColumns	设置指定的列为可收缩的列，当可收缩的列太宽（内容过多）不会被挤出屏幕。当需要设置多列为可收缩时，将列序号用逗号隔开
android:collapseColumns	将 TableLayout 里面指定的列隐藏，若有多列需要隐藏，用逗号将需要隐藏的列序号隔开
android:layout_span	设置该控件所跨越的列数
android:layout_colum	设置该控件在 TableRow 中指定的列

【实战训练】

创建一个 Android 应用程序项目，在项目中使用表格布局编程实现如图 2-26 所示的界面效果。

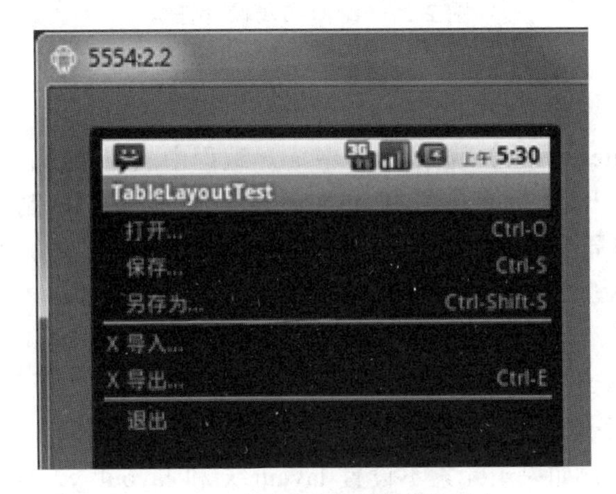

图 2-26　表格布局设计实战任务

任务 2-5　绝对布局设计

【任务目标】

在 Android 系统中使用绝对布局完成应用程序欢迎界面的设计。

【任务描述】

绝对定位 AbsoluteLayout，又叫作坐标布局，可以直接指定子元素的绝对位置，这种布局简单直接，直观性强，但是由于手机屏幕尺寸差别比较大，使用绝对定位的适应性会比较差。

本任务中，我们将使用绝对布局完成一个如图 2-27 所示的欢迎界面的设计。

图 2-27　绝对布局设计任务

【任务分析】

绝对布局（AbsoluteLayout）就像 Java 中 awt 编程中的空布局，就是 Android 不提供任何布局控制，而是由开发人员自行通过 x 坐标，y 坐标来控制组件的位置，当时用 AbsoluteLayout 作为布局容器时，布局容器不在管理子组件的位置，大小等这些都需要开发者自己控制。

使用绝对布局时候，每个组件都可以制定以下两个 XML 属性：

layout_x：制定该子组件的 x 坐标；

layout_y：制定该子组件的 y 坐标。

Tip: 在绝对定位中，如果子元素不设置 layout_x 和 layout_y，那么它们的默认值是 0，也就是说它会像在 FrameLayout 一样这个元素会出现在左上角。

【任务实施】

1. 创建项目

创建一个 Android 应用程序项目，将该项目命名为“absolutelayoutdemo”，如图 2-28 所示。

2. 准备素材

将所用到的图像文件“robotdj.png”复制到项目中对应的 drawable 资源中，如图 2-29 所示。这里可以复制到 drawable-xhdpi 里。

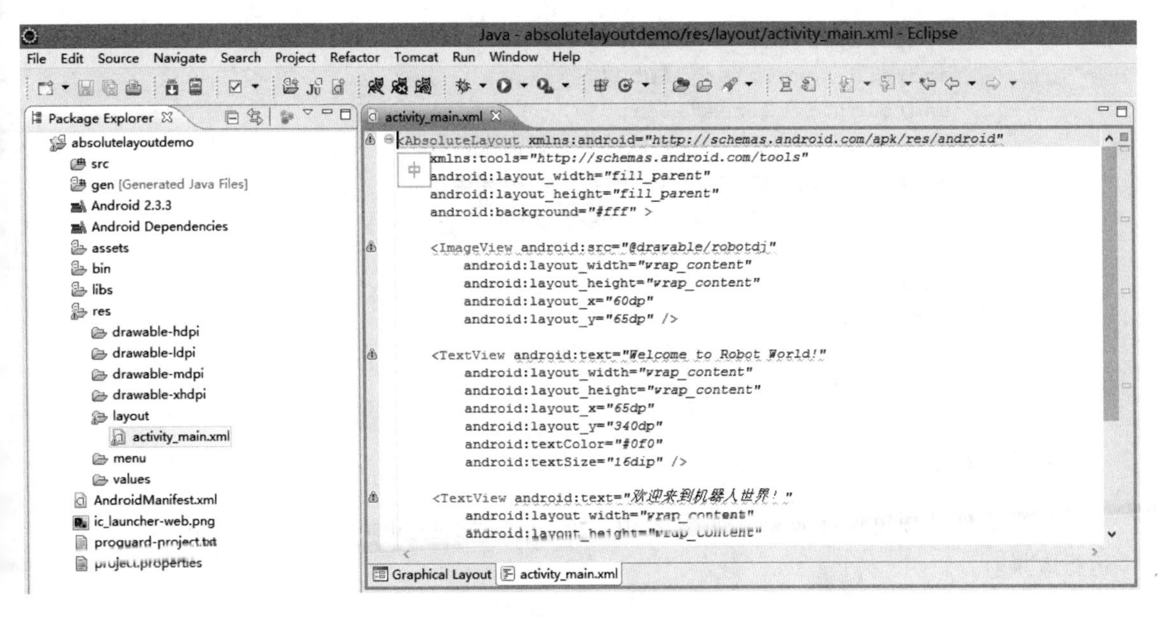

图 2-28　创建项目 absolutelayoutdemo

res
drawable-hdpi
drawable-ldpi
drawable-mdpi
drawable-xhdpi
ic_action_search.png
ic_launcher.png
robotdj.png

图 2-29　复制图像文件到 drawable-xhdpi

3. 编写程序

在项目 absolutelayoutdemo 中双击打开“activity_main.xml”文件，在代码编辑窗口输入以下对应程序代码，完成界面代码的编写。

```
<AbsoluteLayout
    android:layout_width="fill_parent"
    android:layout_height="fill_parent"
    android:background="#fff" >
    <ImageView android:src="@drawable/robotdj"
        android:layout_width="wrap_content"
        android:layout_height="wrap_content"
        android:layout_x="60dp"
        android:layout_y="65dp" />
    <TextView android:text="Welcome to Robot World!"
        android:layout_width="wrap_content"
        android:layout_height="wrap_content"
        android:layout_x="65dp"
```

```
        android:layout_y="340dp"
        android:textColor="#0f0"
        android:textSize="16dip" />
    <TextView android:text="欢迎来到机器人世界！"
        android:layout_width="wrap_content"
        android:layout_height="wrap_content"
        android:layout_x="65dp"
        android:layout_y="375dp"
        android:textColor="#333"
        android:textSize="18dip" />
</AbsoluteLayout>
```

4. 运行项目

保存文件，预览设计效果，如图 2-30 所示。运行项目 absolutelayoutdemo，测试程序的运行效果。

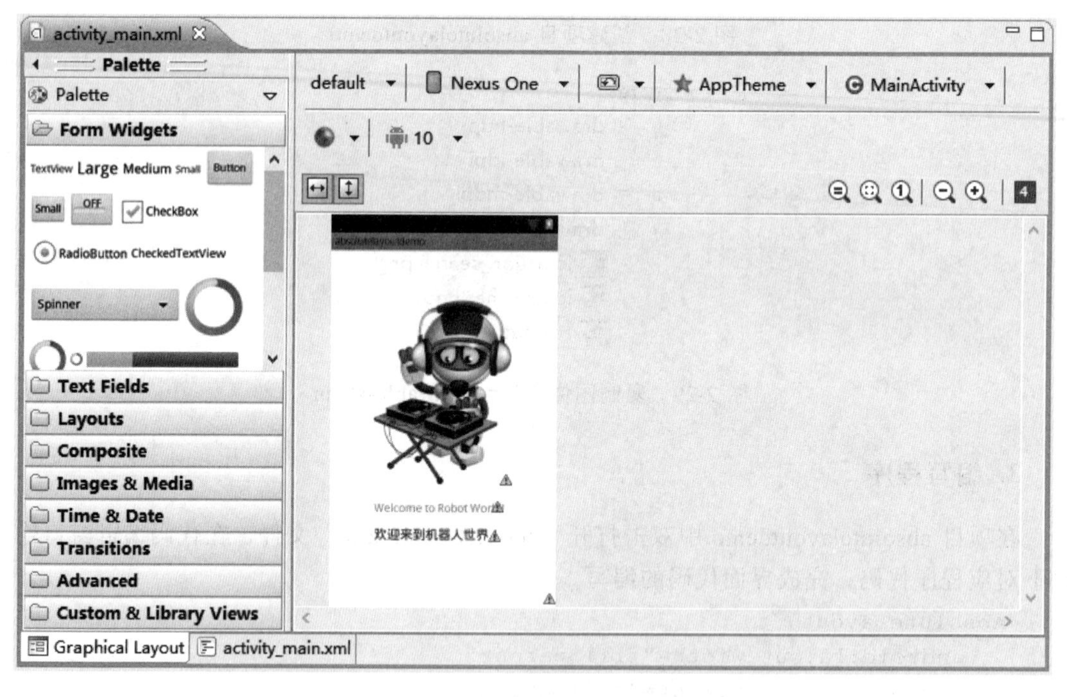

图 2-30　项目 absolutelayoutdemo 设计效果

【技术知识】

知识点 1：绝对布局 AbsoluteLayout

绝对布局 AbsoluteLayout 用绝对坐标来指定组件的布局，也被称为坐标布局。绝对布局以指定组件的左上角为坐标原点，用 x、y 坐标来指定元素的位置。这种布局方式比较简单，但是在屏幕尺寸发生变化时，界面会发生一些尺寸偏差。

常用属性：

android:layout_x：设置组件 x 坐标；

android:layout_y：设置组件 y 坐标。

知识点 2：图像视图 ImageView

ImageView 直接继承自 View 类，它的主要功能是用于显示图片。实际上它不仅仅可以用来显示图片，任何 Drawable 对象都可以使用 ImageView 来显示。ImageView 可以适用于任何布局中，并且 Android 为其提供了缩放和着色的一些操作。

ImageView 的一些常用属性：

android:src：设置 ImageView 所显示的 Drawable 对象的 ID。

android:scaleType：设置所显示的图片如何缩放或移动以适应 ImageView 的大小。

android:maxWidth：设置 ImageView 的最大宽度。

android:maxHeight：设置 ImageView 的最大高度。

android:adjustViewBounds：设置 ImageView 是否调整自己的边界来保持所显示图片的长宽比。

【实战训练】

创建一个 Android 应用程序项目，在项目中使用绝对布局编程实现如图 2-31 所示的界面效果。

图 2-31 绝对布局设计实战任务

项目小结

本项目介绍了 Android 系统中帧布局、线性布局、相对布局、表格布局、绝对布局等常用布局设计的技术和方法。为了便于新手上路，各个任务不但为相应布局设计的实现和应用提供了操作指引和技术讲解，而且还提供了实战训练任务，为新手熟练掌握各类布局设计提供足够练习。

项目重点：熟练掌握线性布局、相对布局、表格布局的设计和应用。熟悉 Eclipse 开发工具的使用，熟练掌握 Android 项目程序编码和运行调试的技巧和方法。

考核评价

在本项目教学和实施过程中，教师和学生可以根据考核评价表 2-6 对各项任务进行考核评价。考核主要针对学生在技术内容、技能情况、技能实战训练的掌握程度和完成效果进行评价。

表 2-6　考核评价表

评价内容	评价标准									
	技术知识		技能训练		项目实战		完成效果		总体评价	
	个人评价	教师评价	个人评价	教师评价	个人评价	教师评价	个人评价	教师评价	个人评价	教师评价
任务 2-1										
任务 2-2										
任务 2-3										
任务 2-4										
任务 2-5										
存在问题与解决办法（应对策略）										
学习心得与体会分享										

项目 3　Android 程序基础界面设计

知识目标

- 认识时钟、按钮、文本框等基本界面控件；
- 了解时钟、按钮、文本框等基本界面控件的使用方法和技巧；
- 掌握软件布局和基本控件的界面设计方法。

技能目标

- 掌握 Android 程序界面基本控件技术和使用方法；
- 会使用时钟、按钮、文本框等控件及其编程应用；
- 能根据软件需求使用基本控件完成界面设计。

任务导航

- 任务 3-1　电子时钟制作；
- 任务 3-2　按钮 Button 使用；
- 任务 3-3　编辑框 EditText 使用；
- 任务 3-4　单选框 RadioButton 使用；
- 任务 3-5　复选框 CheckBox 使用；
- 任务 3-6　图片按钮 ImageButton 使用；
- 任务 3-7　菜单 Menu 使用；
- 任务 3-8　对话框使用；
- 任务 3-9　日期和时间选择控件使用。

任务 3-1　电子时钟制作

【任务目标】

制作一个在 Android 系统中使用的电子时钟软件。

【任务描述】

时钟控件是 Android 用户界面中比较简单的控件，时钟控件包括 AnalogClock 和 DigitalClock。AnalogClock 可以显示模拟时钟，但只有时针和分针，而 DigitalClock 显示数字时钟，可以精确到秒。

本任务中，我们将使用时钟控件 AnalogClock 和 DigitalClock 完成如图 3-1 所示的电子时钟界面的设计与制作。

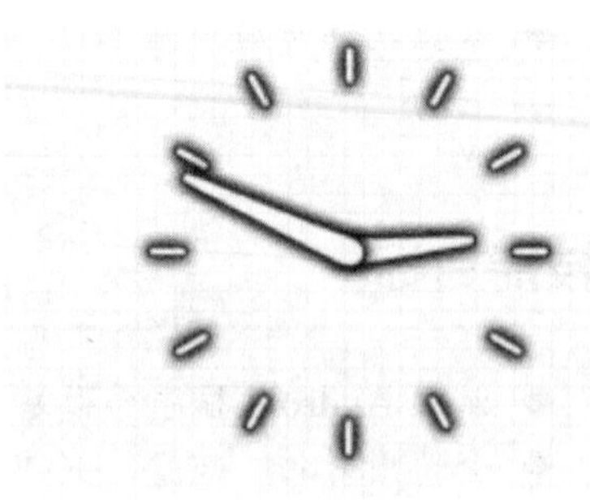

2:49:25 上午

图 3-1　电子时钟制作任务

【任务分析】

时钟控件使用比较简单，只需要在布局文件中声明控件即可。

具体做法：创建一个 Android 应用程序项目，然后在程序主界面的 xml 中使用 AnalogClock 和 DigitalClock 控件标签完成电子时钟的制作。

【任务实施】

1. 创建项目

创建一个 Android 应用程序项目，将该项目命名为“clockdemo”。创建后的项目架构如图 3-2 所示。

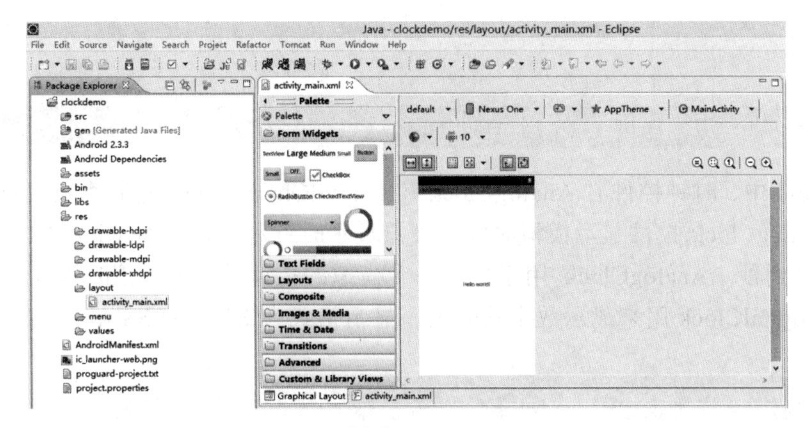

图 3-2　创建项目 clockdemo

2. 编写程序

在项目“clockdemo”中双击打开“activity_main.xml”文件，在代码编辑窗口输入以下对应程序代码，完成界面代码的编写。

```
<LinearLayout android:orientation="vertical"
    android:layout_width="fill_parent"
    android:layout_height="fill_parent"  >
    <AnalogClock
       android:layout_width="wrap_content"
       android:layout_height="wrap_content"
       android:layout_gravity="center|center_horizontal" />
    <DigitalClock
       android:layout_width="wrap_content"
       android:layout_height="wrap_content"
       android:layout_gravity="center|center_horizontal" />
</LinearLayout>
```

3. 运行调试

保存文件，预览设计效果，如图 3-3 所示。运行该项目，测试程序的运行效果。

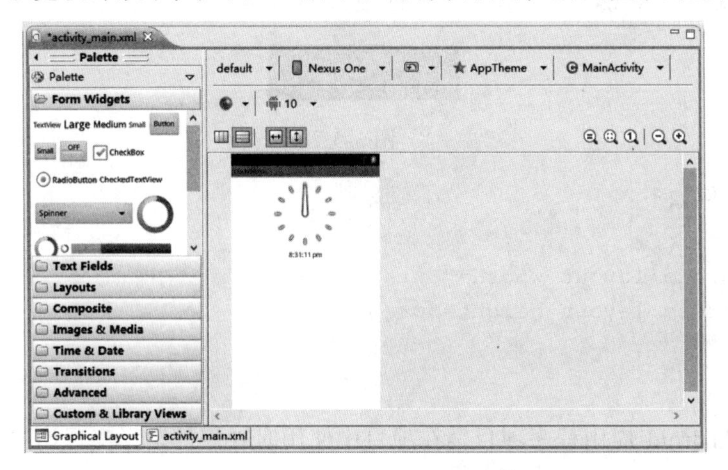

图 3-3　项目 clockdemo 设计效果

【技术知识】

知识点 1：认识 Android 时钟控件

在 Android 中，时钟控件有 AnalogClock 和 DigitalClock 两种，它们都负责显示时钟。所不同的是 AnalogClock 控件显示模拟时钟，且只显示时针和分针，而 DigitalClock 显示数字时钟，可精确到秒。AnalogClock 用于显示一个模拟的指针式时钟，该时钟仅有时钟和分钟两个指针。DigitalClock 用来显示数字式时钟，显示格式为 HH:MM:SS AM/PM。

知识点 2：认识 AnalogClock

AnalogClock 是一个模拟时钟控件，界面效果如图 3-4 所示。

图 3-4　AnalogClock 界面效果

界面代码示例如下：

```
<AnalogClock
        android:layout_width=" wrap_content "
        android:layout_height="wrap_content"/>
```

知识点 3：认识 DigitalClock

DigitalClock 是一个数字时钟控件，界面效果如图 3-5 所示。

1:32:24 下午

图 3-5

界面代码示例如下：

```
<DigitalClock
        android:layout_width=" wrap_content "
        android:layout_height="wrap_content"  />
```

【实战训练】

创建一个 Android 应用程序项目，在项目中使用时钟控件编程实现如图 3-6 所示的界面的制作。

图 3-6　时钟控件实战任务

任务 3-2　按钮 Button 使用

【任务目标】

设计并制作一个在 Android 系统中使用的测试题界面。

【任务描述】

Button 是 Android 中一个非常简单的控件，在我们平时的项目中，可以说是非常的常见，使用率也是相当高。本任务中，我们将使用 Button 和 TextView 完成如图 3-7 所示的测试题界面的设计与制作。

图 3-7　Button 设计任务

【任务分析】

对于 Android 界面设计，首先应该确定布局方式，由图 3-7 的设计任务可以看出，该界面可以采用线性布局。在线性布局下，设置一个 TextView 用于显示测试题的题目描述，再设计 4 个 Button 作为测试题选项。

【任务实施】

1. 设计界面

创建一个【Android Application Project】，将该项目命名为“buttondemo”。编写界面 xml 代码，在项目“buttondemo”中双击打开主界面程序“activity_main.xml”，在代码编辑窗口输入对应程序代码，完成界面代码的编写。

```
<LinearLayout android:orientation="vertical"
    android:layout_width="fill_parent"
    android:layout_height="fill_parent"
    android:gravity="center" >
    <TextView android:text="下列哪个不属于 Android 预定义的布局方式？"
       android:layout_width="260dp"
       android:layout_height="60dp"
       android:textSize="20sp" />
    <Button android:id="@+id/buttonA"
       android:layout_width="200dp"
       android:layout_height="wrap_content"
       android:text="TabLayout"
       android:textSize="20sp" />
    <Button android:id="@+id/buttonB"
       android:layout_width="200dp"
       android:layout_height="wrap_content"
       android:text="RelativeLayout"
       android:textSize="20sp" />
    <Button android:id="@+id/buttonC"
       android:layout_width="200dp"
       android:layout_height="wrap_content"
       android:text="AbsoluteLayout"
       android:textSize="20sp" />
    <Button android:id="@+id/buttonD"
       android:layout_width="200dp"
       android:layout_height="wrap_content"
       android:text="LinearLayout"
       android:textSize="20sp" />
</LinearLayout>
```

2. 实现功能

双击打开 src 目录中的“MainActivity.java”程序，在代码编辑窗口输入对应程序代码，完成功能代码的编写。

```
import android.os.Bundle;
import android.app.Activity;
```

```
import android.view.Menu;
import android.view.View;
import android.view.View.OnClickListener;
import android.widget.Button;
import android.widget.TextView;
public class MainActivity extends Activity {
    @Override
    public void onCreate(Bundle savedInstanceState) {
        super.onCreate(savedInstanceState);
        setContentView(R.layout.activity_main);
        Button buttonA = (Button) findViewById(R.id.buttonA);
        Button buttonB = (Button) findViewById(R.id.buttonB);
        Button buttonC = (Button) findViewById(R.id.buttonC);
        Button buttonD = (Button) findViewById(R.id.buttonD);
        OnClickListener listener = new OnClickListener() {
            @Override
            public void onClick(View v) {
                setTitle("您的答案是: "+((TextView) v).getText());
            }
        };
        buttonA.setOnClickListener(listener);
        buttonB.setOnClickListener(listener);
        buttonC.setOnClickListener(listener);
        buttonD.setOnClickListener(listener);
    }
}
```

3. 运行调试

保存文件，浏览设计效果，如图 3-8 所示。运行该项目，测试程序的运行效果。

图 3-8　项目 buttondemo 运行效果

【技术知识】

知识点 1：Button

在 Android 开发中，Button 是常用的控件，用起来也很简单。可以在界面 xml 描述文档中定义，也可以在程序中创建后加入到界面中，其效果都是一样的。不过在 xml 文档中定义，因为一旦界面要改变的话，直接修改一下 xml 即可，不用修改 Java 程序，并且在 xml 中定义层次分明，一目了然。值得注意的是，Button 继承 Textview，所以 TextView 的一些属性也适用于 Button 控件。Button 常用 xml 属性见表 3-1。

表 3-1　Button 常用 xml 属性

属性名称	描　述
android:id	为控件指定相应的 ID
android:onClick	设置点击事件

知识点 2：OnClickListener 事件处理

在 Android 系统中，setOnClickListener 代表设置事件处理的监听器，this 代表所在的类，OnClickListener 代表实现监听器的接口，public void onClick(View v)函数代表事件的处理函数，即当点击 Button 按钮就会进入到 onClick 函数，执行里面的程序语句。

使用 setOnClickListener()给一个 View 控件注册监听器。OnClickListener 是一个接口，定义如下，

```
public interface OnClickListener {
   /**
    * Called when a view has been clicked.
    *
    * @param v The view that was clicked.
    */
   void onClick(View v);
}
```

使用时，在 activity 里实现：implements View.OnClickListener，在 activity 里的 view 上调用 setOnClickListener，activity 就可以作为 OnClickListener 监听器。

知识点 3：Button 控件 OnClickListener 的三种实现方法

Button 点击事件的实现方式有三种，一是在 xml 中进行指定方法；二是在 Actitivy 中 new 出一个 OnClickListenner()；三是实现 OnClickListener 接口。

（1）xml 指定点击事件，这种方式比较适用于指定的 Button，能使 Java 代码相对简化一些。在 xml 文件中定义：

```
<Button android:id="@+id/button"
    <span style="color:#FF0000;">android:onClick="buttonOnClick"</span> >
</Button>
```

```
Activity 中定义方法：
public void buttonOnClick(View view){
    // 在这里添加执行程序代码
}
```

（2）在 onCreate 方法中为 button 指定绑定操作，以下方法中，xml 里如果同时指定了事件的执行方法，则优先执行 xml 中的内容。

```
protected void onCreate(Bundle savedInstanceState) {
    super.onCreate(savedInstanceState);
    setContentView(R.layout.main);
    Button button = (Button) findViewById(R.id.button);
    button.setOnClickListener(new OnClickListener(){
        @Override
        public void onClick(View v) {
            // 在这里添加执行程序代码
        }
    });
}
```

（3）实现 OnClickListener 接口，这种方式使用量比较多，能解决同一个 activity 中所有的 onclick 问题。

```
public class mainActivity extends Activity implements OnClickListener{
    protected void onCreate(Bundle savedInstanceState) {
        super.onCreate(savedInstanceState);
        setContentView(R.layout.main);
        findViewById(R.id.button1).setOnClickListener(this);
        findViewById(R.id.button2).setOnClickListener(this);
    }
    public void onClick(View view) {
        switch (view.getId()) {
            case R.id.button1:
                // 在这里添加执行程序代码
                break;
            case R.id.button2:
                // 在这里添加执行程序代码
                break;
            default:
                break;
        }
    }
}
```

知识点 4：setTitle 方法

在 Android 开发中，setTitle 方法用于设置应用程序标题。例如，

```
this.setTitle("hello world"); // 设置应用程序标题为“hello world”
```

【实战训练】

创建一个 Android 应用程序项目，在项目中使用 Button 编程实现如图 3-9 所示的图片切换界面设计及功能运用。

图 3-9　按钮 Button 实战训练

任务 3-3　编辑框 EditText 使用

【任务目标】

制作一个标题更新表单界面并实现其功能。

【任务描述】

本任务中，我们将使用编辑框 EditText 和 Button 完成如图 3-10 所示的标题更新表单界面的设计与制作。

图 3-10　EditText 设计任务

【任务分析】

设计任务可以看出，该界面可用线性布局。在线性布局下，设置一个 EditView 用于用户录入数据，再设计一个 Button 来确定输入，并将输入的内容显示在标题栏上。

【任务实施】

1. 设计界面

创建 Android 应用程序项目，并将该项目命名为“edittextdemo”。编写界面程序，在项目“edittextdemo”中双击打开主界面程序“activity_main.xml”，在代码编辑窗口输入对应程序代码，完成界面代码的编写。

```
<LinearLayout android:orientation="vertical"
    android:layout_width="fill_parent"
    android:layout_height="fill_parent" >
    <EditText android:id="@+id/edittext"
        android:layout_width="fill_parent"
       android:layout_height="wrap_content"
       android:text="请输入标题内容！" />
    <Button android:id="@+id/button"
        android:layout_width="fill_parent"
       android:layout_height="wrap_content"
       android:text="确定"
       android:textSize="20sp" />
</LinearLayout>
```

2. 实现功能

双击打开 src 目录中的“MainActivity.java”程序，在代码编辑窗口输入对应程序代码，完成功能代码的编写。

```
import android.os.Bundle;
import android.app.Activity;
import android.view.Menu;
import android.view.View;
import android.view.View.OnClickListener;
import android.widget.Button;
import android.widget.EditText;
import android.widget.Toast;
public class MainActivity extends Activity {
    @Override
    public void onCreate(Bundle savedInstanceState) {
        super.onCreate(savedInstanceState);
        setContentView(R.layout.activity_main);
        //获取 id
        final EditText edittext = (EditText) findViewById(R.id.edittext);
        Button button = (Button) findViewById(R.id.button);
        //创建监听器对象
        OnClickListener listener = new OnClickListener() {
            @Override

            public void onClick(View v) {
                Toast.makeText(MainActivity.this, edittext.getText(),
                    Toast.LENGTH_SHORT).show();
```

```
                    setTitle(edittext.getText());
                }
            };
            //设置监听器对象
            button.setOnClickListener(listener);
        }
    }
```

3. 运行调试

保存文件，浏览设计效果，如图 3-11 所示。运行该项目，测试程序的运行效果。

图 3-11　项目 edittextdemo 运行效果

【技术知识】

知识点 1：EditText

EditText 在开发中也是经常用到的一种控件，也是一个非常有必要的组件，可以说它是用户跟 Android 应用进行数据传输的窗户，比如实现一个登录界面，需要用户输入账号密码，然后获取用户输入的内容，提交给服务器进行判断。

EditText 常用 xml 属性见表 3-2。

表 3-2　EditText 常用 xml 属性

属性名称	描　述
android:text	设置文本内容
android:textColor	设置字体颜色
android:hint	内容为空时显示的文本
android:textColorHint	为空时显示的文本的颜色
android:maxLength	限制显示的文本长度，超出部分不显示
android:minLines	设置文本的最小行数
android:gravity	设置文本位置，如设置成“center”，文本将居中显示

知识点 2：Toast

Toast 是 Android 中用来显示提示信息的一种方式。有别于 Dialog 的是，Toast 是没有焦点的，而且 Toast 显示时间有限，一定时间后就会自动消失。Toast 主要用于向用户显示提示消息，下面介绍 Android 系统中 Toast 的 5 种用法，大家可以根据自己的需求来自定义自己想要的使用效果。

1. 默认样式

```
Toast.makeText(getApplicationContext(), "默认样式的 Toast",
    Toast.LENGTH_SHORT).show();
```

2. 自定义显示位置样式

```
toast = Toast.makeText(getApplicationContext(), "自定义位置的 Toast",
    Toast.LENGTH_LONG);
    toast.setGravity(Gravity.CENTER, 0, 0);
    toast.show();
```

3. 带图片样式

```
toast = Toast.makeText(getApplicationContext(),
    "带图片的 Toast", Toast.LENGTH_LONG);
toast.setGravity(Gravity.CENTER, 0, 0);
LinearLayout toastView = (LinearLayout) toast.getView();
ImageView imageCodeProject = new ImageView(getApplicationContext());
imageCodeProject.setImageResource(R.drawable.icon);
toastView.addView(imageCodeProject, 0);
toast.show();
```

4. 完全自定义样式

```
LayoutInflater inflater = getLayoutInflater();
View layout = inflater.inflate(R.layout.custom,
    (ViewGroup) findViewById(R.id.llToast));
ImageView image = (ImageView) layout.findViewById(R.id.tvImageToast);
image.setImageResource(R.drawable.icon);
TextView title = (TextView) layout.findViewById(R.id.tvTitleToast);
title.setText("Attention");
TextView text = (TextView) layout.findViewById(R.id.tvTextToast);
text.setText("完全自定义的 Toast");
toast = new Toast(getApplicationContext());
toast.setGravity(Gravity.RIGHT | Gravity.TOP, 12, 40);
toast.setDuration(Toast.LENGTH_LONG);
toast.setView(layout);
toast.show();
```

5. 来自其他线程样式

```
public void showToast(){
    Toast toast=Toast.makeText(getApplicationContext(), "来自其他线程的 Toast",
        Toast.LENGTH_SHORT);
    toast.show();
}
new Thread(new Runnable() {
    public void run() {
    showToast();
    }
}).start();
```

【实战训练】

创建一个 Android 应用程序项目，在项目中使用 EditText 编程实现如图 3-12 所示的 Android 程序登录界面的制作。

图 3-12　EditText 实战训练

任务 3-4　单选按钮 RadioButton 使用

【任务目标】

制作一个单选表单界面并实现其单选功能。

【任务描述】

本任务中，我们将使用 RadioGroup 与 RadioButton 控件完成如图 3-13 所示的性别选择表单的设计与制作。

图 3-13　RadioButton 设计任务

【任务分析】

从设计任务可以看出，该界面可用线性布局。在线性布局下，设置一组两个单选按钮用于用户选择性别，当用户选择后，将选择的结果显示在下一个 TextView 里。

【任务实施】

1. 设计界面

创建 Android 应用程序项目，将该项目命名为“radiobuttondemo”。编写界面程序，在项目“radiobuttondemo”中双击打开主界面程序“activity_main.xml”，在代码编辑窗口输入对应程序代码，完成界面代码的编写。

```
<LinearLayout android:orientation="vertical"
    android:layout_width="fill_parent"
    android:layout_height="fill_parent" >
    <TextView
       android:layout_width="fill_parent"
       android:layout_height="wrap_content"
       android:text="请选择您的性别：" />
    <RadioGroup android:id="@+id/radiogroup"
       android:layout_width="wrap_content"
       android:layout_height="wrap_content" >
       <RadioButton android:id="@+id/radiobuttonmale"
          android:layout_width="wrap_content"
          android:layout_height="wrap_content"
          android:text="男"
          android:checked="true" />
       <RadioButton android:id="@+id/radiobuttonfemale"
          android:layout_width="wrap_content"
          android:layout_height="wrap_content"
          android:text="女" />
    </RadioGroup>
    <TextView android:id="@+id/textview"
       android:layout_width="fill_parent"
       android:layout_height="wrap_content"
       android:text="您的性别是：男" />
</LinearLayout>
```

2. 实现功能

双击打开 src 目录中的“MainActivity.java”程序，在代码编辑窗口输入对应程序代码，完成功能代码的编写。

```
import android.os.Bundle;
import android.app.Activity;
import android.view.Menu;
import android.widget.RadioButton;
import android.widget.RadioGroup;
import android.widget.RadioGroup.OnCheckedChangeListener;
import android.widget.TextView;
import android.widget.Toast;
public class MainActivity extends Activity {
    @Override
    public void onCreate(Bundle savedInstanceState) {
        super.onCreate(savedInstanceState);
        setContentView(R.layout.activity_main);
        final TextView textview = (TextView) findViewById(R.id.textview);
        RadioGroup radiogroup = (RadioGroup) findViewById(R.id.radiogroup);
        radiogroup.setOnCheckedChangeListener(new OnCheckedChangeListener() {
            @Override
            public void onCheckedChanged(RadioGroup group,
                int checkedId) {
                RadioButton radiobutton =
                    (RadioButton) findViewById(checkedId);
                Toast.makeText(MainActivity.this,
                    String.valueOf(radiobutton.getText()),
                    Toast.LENGTH_LONG).show();
                textview.setText("您的性别是："+radiobutton.getText());
            }
        });
    }
}
```

3. 运行调试

保存文件，浏览设计效果，如图 3-14 所示。运行该项目，测试程序的运行效果。

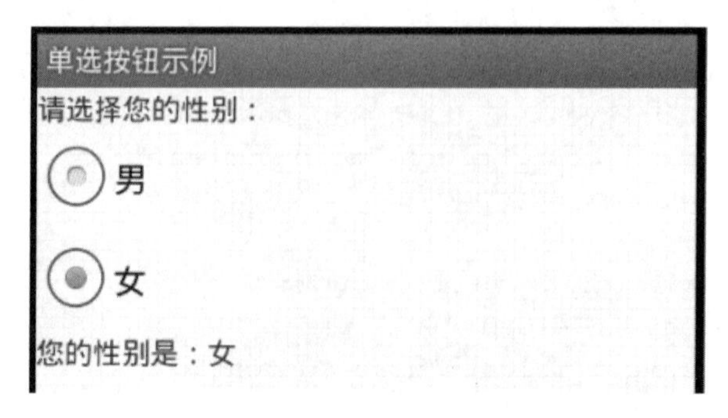

图 3-14　项目 radiobuttondemo 运行效果

【技术知识】

知识点 1：RadioButton 和 RadioGroup

RadioButton 和 RadioGroup 的关系：RadioButton 表示单个圆形单选框，而 RadioGroup 是表示容纳多个 RadioButton 的容器；每个 RadioGroup 中的 RadioButton 同时只能有一个被选中；不同的 RadioGroup 中的 RadioButton 互不相干，即如果组 A 中有一个选中了，组 B 中依然可以有一个被选中；大部分场合下，一个 RadioGroup 中至少有两个 RadioButton；大部分场合下，一个 RadioGroup 中的 RadioButton 默认会有一个被选中，一般放在 RadioGroup 中的起始位置。

知识点 2：OnCheckedChangeListener

OnCheckedChangeListener 是单选按钮是否选中的事件监听器。RadioGroup 可以进行单选按钮是否选中事件的监听处理操作。当用户选中了某个选项之后，将触发相应的监听器进行事件处理，而设置监听器的方法为：

```
radiogroup.setOnCheckedChangeListener(new OnCheckedChangeListener() {
    @Override
    public void onCheckedChanged(RadioGroup group, int checkedId) {
        // 这里添加单选按钮选中的处理程序代码
    }
});
```

【实战训练】

创建一个 Android 应用程序项目，编程实现如图 3-15 所示的程序界面的设计与制作。

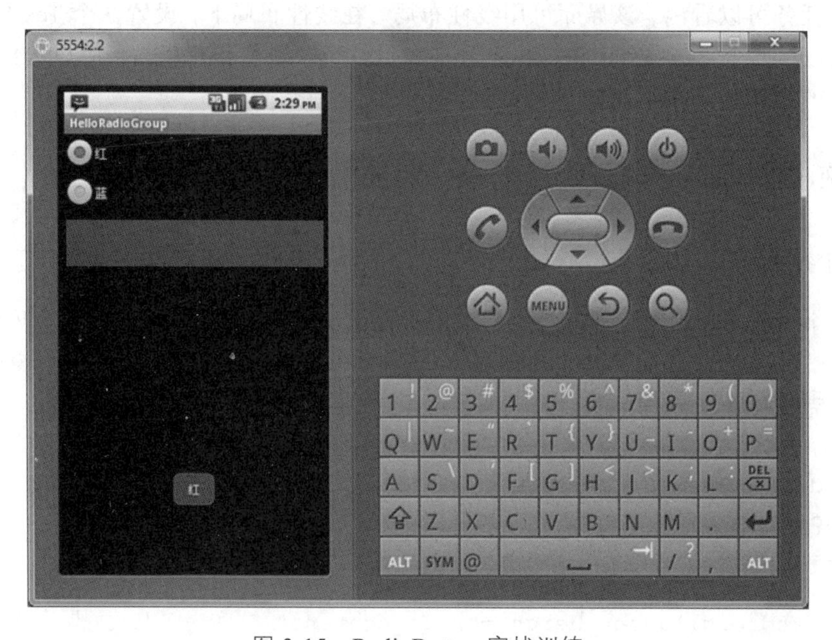

图 3-15　RadioButton 实战训练

任务 3-5　复选按钮 CheckBox 使用

【任务目标】

制作一个在 Android 系统中使用的复选表单界面。

【任务描述】

本任务中，我们将使用 CheckBox 完成如图 3-16 所示的复选表单界面的设计与制作。

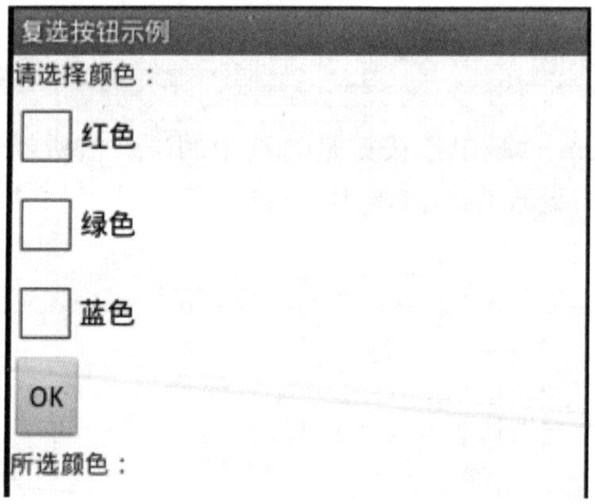

图 3-16　CheckBox 设计任务

【任务分析】

从设计任务可以看出，该界面可用线性布局。在线性布局下，设置 2 个 TextView 控件和 3 个 CheckBox，3 个复选按钮 CheckBox 分别表示红色、绿色和蓝色，当用户选择后点击 OK 按钮，选择的结果显示在下面的 TextView 里。

【任务实施】

1. 设计界面

创建一个 Android 应用程序项目，将该项目命名为“checkboxdemo”。编写界面程序，双击打开项目“checkboxdemo”的主界面程序“activity_main.xml”，在代码编辑窗口输入对应程序代码，完成界面代码的编写。

```
<LinearLayout android:orientation="vertical"
    android:layout_width="fill_parent"
    android:layout_height="fill_parent" >
    <TextView
        android:layout_width="fill_parent"
        android:layout_height="wrap_content"
        android:text="请选择颜色：" />
    <CheckBox android:id="@+id/checkboxred"
```

```
        android:layout_width="wrap_content"
        android:layout_height="wrap_content"
        android:text="红色" />
    <CheckBox android:id="@+id/checkboxgreen"
        android:layout_width="wrap_content"
        android:layout_height="wrap_content"
        android:text="绿色" />
    <CheckBox android:id="@+id/checkboxblue"
        android:layout_width="wrap_content"
        android:layout_height="wrap_content"
        android:text="蓝色" />
    <Button android:id="@+id/buttonok"
        android:layout_width="wrap_content"
        android:layout_height="wrap_content"
        android:text="OK" />
    <TextView android:id="@+id/textviewcolor"
        android:layout_width="fill_parent"
        android:layout_height="wrap_content"
        android:text="所选颜色：" />
</LinearLayout>
```

2. 实现功能

双击打开 src 目录中的“MainActivity.java”程序，在代码编辑窗口输入对应程序代码，完成功能代码的编写。

```
import android.os.Bundle;
import android.app.Activity;
import android.view.Menu;
import android.view.View;
import android.view.View.OnClickListener;
import android.widget.Button;
import android.widget.CheckBox;
import android.widget.TextView;
public class MainActivity extends Activity {
    @Override
    public void onCreate(Bundle savedInstanceState) {
        super.onCreate(savedInstanceState);
        setContentView(R.layout.activity_main);
        //获取 id
        final TextView textviewcolor =
            (TextView) findViewById(R.id.textviewcolor);
        Button buttonok = (Button) findViewById(R.id.buttonok);
        final CheckBox checkboxred =
            (CheckBox) findViewById(R.id.checkboxred);
        final CheckBox checkboxgreen =
            (CheckBox) findViewById(R.id.checkboxgreen);
        final CheckBox checkboxblue =
            (CheckBox) findViewById(R.id.checkboxblue);
```

```
        //创建监听器对象
        OnClickListener l = new OnClickListener() {
            @Override
            public void onClick(View v) {
                String str = "所选颜色：";
                if(checkboxred.isChecked()){
                    str = str+String.valueOf(checkboxred.getText())+" ";
                }
                if(checkboxgreen.isChecked()){
                    str = str+String.valueOf(checkboxgreen.getText())+" ";
                }
                if(checkboxblue.isChecked()){
                    str = str+String.valueOf(checkboxblue.getText())+" ";
                }
                textviewcolor.setText(str);
            }
        };
        //设置监听器对象
        buttonok.setOnClickListener(l);
    }
}
```

3. 运行调试

保存文件，浏览设计效果，如图 3-17 所示。运行该项目，测试程序的运行效果。

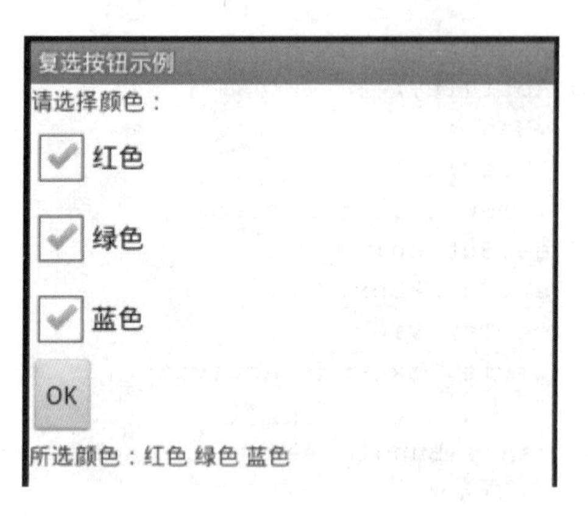

图 3-17　项目 checkboxdemo 运行效果

【技术知识】

知识点 1：CheckBox

CheckBox 即复选框。复选框相当于是一个“ON/OFF”开关，可以由用户自由切换。当用户可选择的选项不是相互排斥的一组时，可以使用复选框。Android 中的 CheckBox 控件既可以通过 Button 按钮来监听其选中状态，上述任务就采用了这种方式。

CheckBox 控件常用 xml 属性见表 3-3。

表 3-3　CheckBox 常用 xml 属性

属性名称	描　述
android:background	设置背景色/背景图片
android:clickable	是否响应点击事件
android:soundEffectsEnabled	设置点击或触摸时是否有声音效果
android:visibility	设置是否显示

知识点 2：CheckBox 的监听器设置

CheckBox 选中状态可以设置监听器，常用的监听器为 OnCheckedChangedListener()。使用如下：

```
OnCheckedChangeListener listener= new OnCheckedChangeListener() {
    @Override
    public void onCheckedChanged(CompoundButton buttonView, boolean isChecked) {
        if(isChecked){
            // 在这里添加事件处理程序代码
        }
    }
};
// 设置监听器
checkbox.setOnCheckedChangeListener(listener);
```

【实战训练】

创建一个 Android 应用程序项目，在项目中使用 CheckBox 编程实现如图 3-18 所示的制作。

图 3-18　CheckBox 实战训练

任务 3-6 图片按钮 ImageButton 使用

【任务目标】

制作一个在 Android 系统中使用的图片按钮界面。

【任务描述】

本任务中，我们将使用 ImageButton 控件完成如图 3-19 所示的按钮界面的设计与制作。

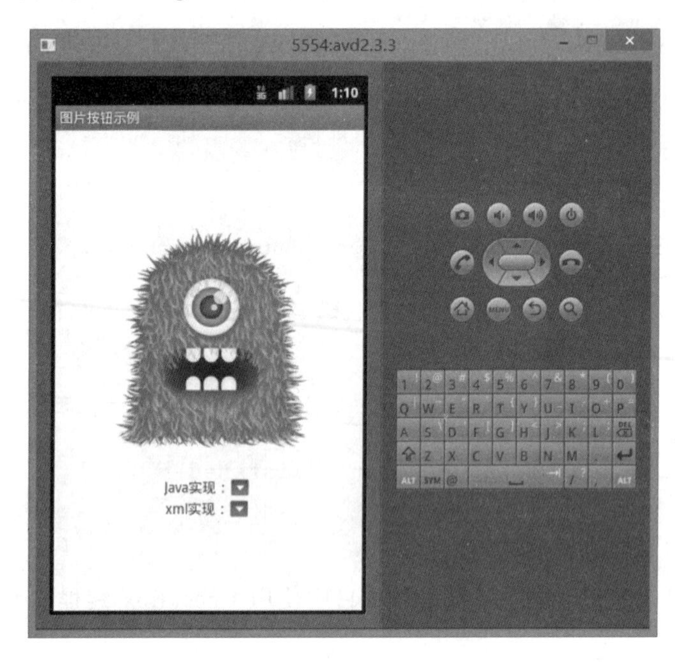

图 3-19 ImageButton 设计任务

【任务分析】

从设计任务可以看出，该界面可用线性布局。在线性布局下，设置 1 个 ImageView 控件、2 个 TextView 控件、2 个 ImageButton 控件。分别用两种不同的方法来实现图片按钮的点击效果，其中上面一个 ImageButton 采用 Java 代码编程实现，下面一个 ImageButton 采用 xml 代码实现。

【任务实施】

1. 创建项目

创建一个【Android Application Project】，将项目命名为“imagebuttondemo”。将如图 3-20 所示的图片素材复制到该项目中的【res】→【drawable-xhdpi】文件夹。

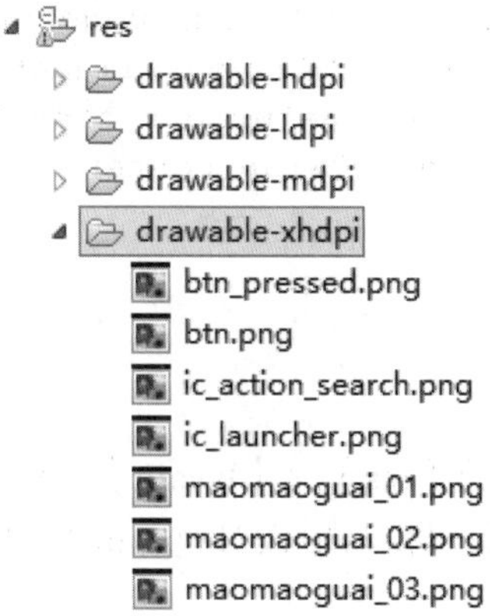

res
drawable-hdpi
drawable-ldpi
drawable-mdpi
drawable-xhdpi
btn_pressed.png
btn.png
ic_action_search.png
ic_launcher.png
maomaoguai_01.png
maomaoguai_02.png
maomaoguai_03.png

图 3-20　项目 imagebuttondemo 的图片素材

2. 设计主界面

双击打开项目“imagebuttondemo”中的主界面文件“activity_main.xml”，编写界面程序，在程序编辑窗口输入对应 xml 代码，完成界面代码的编写。

```
<LinearLayout android:orientation="vertical"
    android:gravity="center"
    android:layout_width="fill_parent"
    android:layout_height="fill_parent" >
    <ImageView android:id="@+id/imageview"
       android:src="@drawable/maomaoguai_01"
       android:layout_width="wrap_content"
       android:layout_height="wrap_content"/>
    <LinearLayout android:orientation="horizontal"
       android:gravity="center"
       android:layout_width="fill_parent"
       android:layout_height="wrap_content">
       <TextView android:text="Java 实现: "
       android:layout_width="wrap_content"
       android:layout_height="wrap_content" />
       <ImageButton android:id="@+id/imagebuttoncode"
          android:src="@drawable/btn"
          android:background="#00000000"
          android:layout_width="wrap_content"
       android:layout_height="wrap_content"/>
    </LinearLayout>
    <LinearLayout android:orientation="horizontal"
       android:gravity="center"
       android:layout_width="fill_parent"
       android:layout_height="wrap_content">
       <TextView android:text="xml 实现: "
       android:layout_width="wrap_content"
       android:layout_height="wrap_content" />
```

```
        <ImageButton android:id="@+id/imagebuttonxml"
            android:background="@layout/imagebuttondemo"
            android:layout_width="wrap_content"
        android:layout_height="wrap_content"/>
    </LinearLayout>
</LinearLayout>
```

3. 设计按钮图片切换效果

在项目“imagebuttondemo”的【res】→【layout】文件夹中创建一个 xml 程序，命名为“imagebuttondemo.xml”，在程序编辑窗口输入对应 xml 代码，完成 ImageButton 图片切换效果代码的编写。

```
<!-- xml 代码实现的 ImageButton 图片切换效果 -->
<selector xmlns:android="http://schemas.android.com/apk/res/android">
    <item android:drawable="@drawable/btn"
        android:state_pressed="false"/>
    <item android:drawable="@drawable/btn_pressed"
        android:state_pressed="true"/>
</selector>
```

4. 实现功能

双击打开 src 目录中的“MainActivity.java”程序，在程序编辑窗口输入对应 Java 代码，完成功能代码的编写。

```
import android.os.Bundle;
import android.app.Activity;
import android.view.Menu;
import android.view.MotionEvent;
import android.view.View;
import android.view.View.OnClickListener;
import android.view.View.OnTouchListener;
import android.widget.ImageButton;
import android.widget.ImageView;
public class MainActivity extends Activity {
    @Override
    public void onCreate(Bundle savedInstanceState) {
        super.onCreate(savedInstanceState);
        setContentView(R.layout.activity_main);
        ImageButton imagebuttoncode = (ImageButton) findViewById(R.id. imagebuttoncode);
        ImageButton imagebuttonxml = (ImageButton) findViewById(R.id.imagebuttonxml);
        final ImageView imageview = (ImageView) findViewById(R.id.imageview);
        //Java 代码实现的 ImageButton 图片切换效果
        imagebuttoncode.setOnTouchListener(new OnTouchListener() {
            @Override
            public boolean onTouch(View v, MotionEvent event) {
                if(event.getAction() == MotionEvent.ACTION_DOWN){
                    ((ImageButton)v).setImageDrawable(
                getResources().getDrawable(R.drawable.btn_pressed));
```

```
            }else if(event.getAction() == MotionEvent.ACTION_UP){
                ((ImageButton)v).setImageDrawable(
                    getResources().getDrawable(R.drawable.btn));
            }
            return false;
        }
    });
    //图片按钮对象 imagebuttoncode 的点击事件处理
    imagebuttoncode.setOnClickListener(new OnClickListener() {
        @Override
        public void onClick(View v) {
            imageview.setImageResource(R.drawable.maomaoguai_02);
        }
    });
    //图片按钮对象 imagebuttonxml 的点击事件处理
    imagebuttonxml.setOnClickListener(new OnClickListener() {
        @Override
        public void onClick(View v) {
            imageview.setImageResource(R.drawable.maomaoguai_03);
        }
    });
  }
}
```

5. 运行调试

保存文件，浏览设计效果，如图 3-21 所示。运行该项目，测试程序的运行效果。

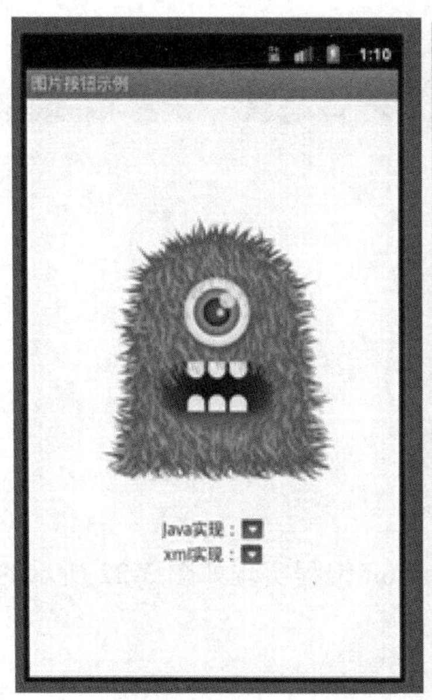

（a）启动程序的初始效果

（b）点击 Java 实现按钮效果

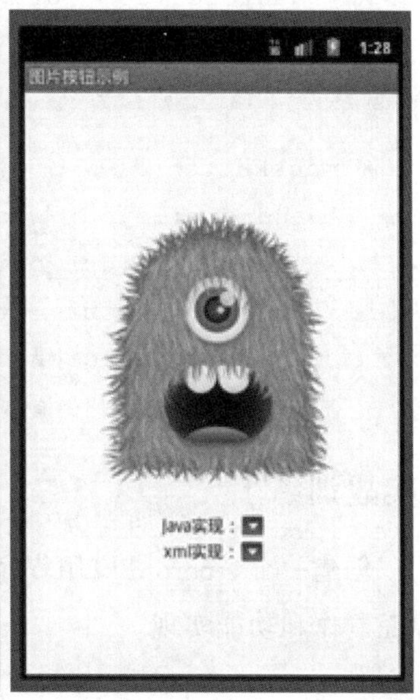

（c）点击 xml 实现按钮效果

图 3-21　项目 imagebuttondemo 运行效果

【技术知识】

知识点 1：ImageButton

ImageButton 继承 Imageview，就是用一个图标代表了文字，它没 android:text 属性。它由 android:src 指定图标的位置 android:src="@drawable/back"。这一点与 Button 不同，Button 把图片当作背景与放在 ImageButton/ImageView 中的效果是不一样的。

ImageButton 常用 xml 属性见表 3-4。

表 3-4　ImageButton 常用 xml 属性

属性名称	描　述
android:background	设置背景色
android:src	设置按钮图片

知识点 2：设置 ImageButton 的样式

```
<ImageButton
    android:layout_width="100dp"
    android:layout_height="100dp"
    android:layout_marginTop="20dp"
    android:background="#0f0"
    android:src="@drawable/search"/>
```

知识点 3：设置背景图标

```
<ImageButton
    android:layout_width="wrap_content"
    android:layout_height="wrap_content"
    android:layout_marginTop="20dp"
    android:background="#0f0"
    android:src="@drawable/search"/>
```

【实战训练】

创建一个 Android 应用程序项目，在项目中使用 ImageButton 编程实现如图 3-22 所示的界面制作和功能实现。

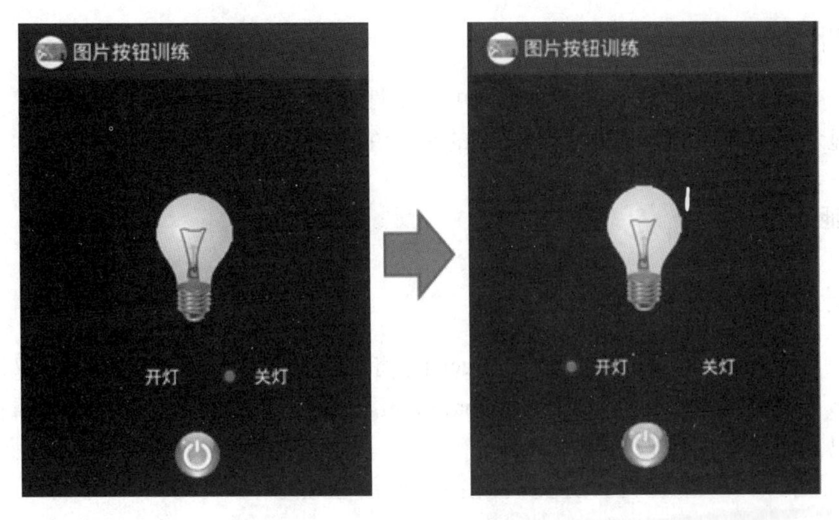

图 3-22　ImageButton 实战训练

任务 3-7　菜单控件 Menu 使用

【任务目标】

制作一个在 Android 系统中使用的应用程序底部菜单界面。

【任务描述】

本任务中，我们将使用 Menu 完成如图 3-23 所示的底部菜单及菜单项的设计与制作。

图 3-23　Menu 设计任务

【任务分析】

本任务界面设计非常简单，界面布局可用线性布局。在线性布局下，设置 1 个 TextView 控件用于显示“菜单示例”即可。本任务的重点在于底部菜单及菜单项的设计。

【任务实施】

1. 设计界面

创建一个【Android Application Project】，将项目命名为“menudemo”。双击打开项目“menudemo”中的主界面文件“activity_main.xml”，编写界面程序，在程序编辑窗口输入对应 xml 代码，完成界面代码的编写。

```
<LinearLayout android:orientation="vertical"
    android:gravity="center"
    android:layout_width="fill_parent"
    android:layout_height="fill_parent" >
    <TextView android:id="@+id/textview"
        android:layout_width="wrap_content"
        android:layout_height="wrap_content"
        android:text="菜单示例" />
</LinearLayout>
```

2. 制作菜单

双击打开项目“menudemo”中的菜单界面文件“activity_main.xml”，编写菜单程序，在程序编辑窗口输入对应的 xml 代码，完成菜单的制作。

```
<menu>
    <item android:id="@+id/menu_add"
        android:orderInCategory="1"
        android:title="@string/menu_add"
        android:icon="@drawable/menu_add" />
    <item android:id="@+id/menu_edit"
        android:orderInCategory="2"
        android:title="@string/menu_edit"
        android:icon="@drawable/menu_edit" />
    <item android:id="@+id/menu_save"
        android:orderInCategory="3"
        android:title="@string/menu_save"
        android:icon="@drawable/menu_save" />
    <item android:id="@+id/menu_delete"
        android:orderInCategory="4"
        android:title="@string/menu_delete"
        android:icon="@drawable/menu_delete" />
    <item android:id="@+id/menu_send"
        android:orderInCategory="5"
```

```
            android:title="@string/menu_send"
            android:icon="@drawable/menu_send" />
        <item android:id="@+id/menu_settings"
            android:orderInCategory="6"
            android:title="@string/menu_settings"
            android:icon="@drawable/menu_settings" />
</menu>
```

3. 实现功能

双击打开 src 目录中的“MainActivity.java”程序，在程序编辑窗口输入对应的 Java 代码，完成功能代码的编写。

```
import android.os.Bundle;
import android.app.Activity;
import android.view.Menu;
import android.view.MenuItem;
import android.widget.TextView;
import android.widget.Toast;
public class MainActivity extends Activity {
    @Override
    public void onCreate(Bundle savedInstanceState) {
        super.onCreate(savedInstanceState);
        setContentView(R.layout.activity_main);
    }
    @Override
    public boolean onCreateOptionsMenu(Menu menu) {
        getMenuInflater().inflate(R.menu.activity_main, menu);
        return true;
    }
    @Override
    public boolean onOptionsItemSelected(MenuItem item) {
        // 在这里添加菜单按钮项执行代码
        TextView textview = (TextView) findViewById(R.id.textview);
        switch(item.getOrder()){
        case 1:
            Toast.makeText(this, "【添加】菜单项被点击啦！",
                    Toast.LENGTH_LONG).show();
            textview.setText("您点击了【添加】菜单项");
            break;
        case 2:
            Toast.makeText(this, "【编辑】菜单项被点击啦！",
                    Toast.LENGTH_LONG).show();
            textview.setText("您点击了【编辑】菜单项");
            break;
        case 3:
            Toast.makeText(this, "【保存】菜单项被点击啦！",
```

```
            Toast.LENGTH_LONG).show();
        textview.setText("您点击了【保存】菜单项");
        break;
    case 4:
        Toast.makeText(this, "【删除】菜单项被点击啦！",
            Toast.LENGTH_LONG).show();
        textview.setText("您点击了【删除】菜单项");
        break;
    case 5:
        Toast.makeText(this, "【发送】菜单项被点击啦！",
            Toast.LENGTH_LONG).show();
        textview.setText("您点击了【发送】菜单项");
        break;
    case 6:
        Toast.makeText(this, "【设置】菜单项被点击啦！",
            Toast.LENGTH_LONG).show();
        textview.setText("您点击了【设置】菜单项");
        break;
    }
    return super.onOptionsItemSelected(item);
  }
}
```

4. 运行调试

保存文件，浏览设计效果，如图 3-24 所示。运行该项目，测试程序的运行效果。

图 3-24　项目 menudemo 运行效果

【技术知识】

知识点 1：Menu

Menu 控件是当用户按“菜单”按钮时，选项菜单的内容会出现在屏幕底部。打开时，第一个可见部分是图标菜单，其中包含多达 6 个菜单项。如果菜单包括 6 个以上项目，则 Android 会将第 6 项和其余项目放入溢出菜单，用户可以通过选择“更多”打开该菜单。

知识点 2：Menu 创建

为 Activity 指定选项菜单，重写 onCreateOptionsMenu()。启动 Activity 时会调用 onCreateOptionsMenu()方法，因此可以在该方法中将菜单资源（使用 xml 定义）注入到回调方法的 Menu 中。Android 提供了标准的 xml 格式的资源文件来定义菜单项，并且对所有菜单类型都支持，推荐使用 xml 资源文件来定义菜单。

在菜单的 xml 资源文件，需要在/res/menu/目录下，构建以下几个元素：

<menu>：定义一个 Menu，是一个菜单资源文件的根节点，里面可以包含一个或者多个<item>和<group>元素。

<item>：创建一个 MenuItem，代表了菜单中一个选项。

<group>：对菜单项进行分组，可以以组的形式操作菜单项。

知识点 3：Menu 处理响应事件

重写 onOptionsItemSelected()方法，方法将传递所选中的 MenuItem。用户可以通过调用 getItemId()方法来识别对应 item，该方法将返回菜单项的唯一 ID（由菜单资源中的 android:id 属性定义）。

【实战训练】

创建一个 Android 应用程序项目，在项目中使用 Menu 编程实现如图 3-25 所示的软件的制作。

图 3-25　Menu 实战训练

任务 3-8　对话框的使用

【任务目标】

制作一个对话框使用示例的演示界面。

【任务描述】

本任务中，我们通过如图 3-26 所示对话框使用示例的演示界面设计与制作来掌握对话框的应用。

图 3-26　对话框示例

【任务分析】

与菜单任务类似，本任务主界面设计简单，界面布局可用线性布局。在线性布局下，设置 1 个 ImageView 控件用于显示图片即可。本任务的重点在于底部菜单中 6 个对话框菜单项的界面设计与功能实现。

【任务实施】

第一步：设计主界面和底部菜单

1. 设计主界面

创建一个【Android Application Project】，将项目命名为“dialogdemo”。双击打开项目

“dialogdemo”中的主界面文件“activity_main.xml”，编写界面程序，在程序编辑窗口输入对应 xml 代码，完成界面代码的编写。

```
<LinearLayout android:orientation="vertical"
    android:gravity="center"
    android:layout_width="fill_parent"
    android:layout_height="fill_parent" >
    <ImageView android:src="@drawable/blue_matreshka_big"
        android:layout_width="fill_parent"
    android:layout_height="wrap_content" />
    <TextView
        android:layout_width="wrap_content"
        android:layout_height="wrap_content"
        android:text="@string/hello_world" />
</LinearLayout>
```

2. 设计菜单界面

双击打开项目“dialogdemo”文件夹【menu】中的菜单界面文件“activity_main.xml”，编写菜单程序，在程序编辑窗口输入对应 xml 代码，完成界面代码的编写。

```
<menu xmlns:android="http://schemas.android.com/apk/res/android">
    <item android:id="@+id/menu_normaldialog"
        android:title="常见的对话框"
        android:orderInCategory="1" />
    <item android:id="@+id/menu_listdialog"
        android:title="列表项对话框"
        android:orderInCategory="2" />
    <item android:id="@+id/menu_radiodialog"
        android:title="单选项对话框"
        android:orderInCategory="3" />
    <item android:id="@+id/menu_checkboxdialog"
        android:title="复选项对话框"
        android:orderInCategory="4" />
    <item android:id="@+id/menu_edittextdialog"
        android:title="编辑项对话框"
        android:orderInCategory="5" />
    <item android:id="@+id/menu_customdialog"
        android:title="自定义对话框"
        android:orderInCategory="6" />
</menu>
```

3. 实现菜单选项功能。

双击打开 src 目录中的“MainActivity.java”程序，在程序编辑窗口输入对应 Java 代码，完成功能代码的编写。

```
import android.os.Bundle;
```

```
import android.app.Activity;
import android.view.Menu;
import android.view.MenuItem;
import android.view.View;
import android.widget.Toast;
public class MainActivity extends Activity {
    @Override
    public void onCreate(Bundle savedInstanceState) {
        super.onCreate(savedInstanceState);
        setContentView(R.layout.activity_main);
    }
    @Override
    public boolean onCreateOptionsMenu(Menu menu) {
        getMenuInflater().inflate(R.menu.activity_main, menu);
        return true;
    }
    @Override
    public boolean onOptionsItemSelected(MenuItem item) {
        // 在这里添加菜单 Menu 的代码
        switch(item.getOrder()){
        case 1: //常见的对话框代码
          Toast.makeText(MainActivity.this, "您选择了【常见的对话框】菜单项",
Toast.LENGTH_SHORT).show();
          break;
        case 2: //列表项对话框代码
          Toast.makeText(MainActivity.this, "您选择了【编辑项对话框】菜单项",
Toast.LENGTH_SHORT).show();
          break;
        case 3: //单选项对话框代码
          Toast.makeText(MainActivity.this, "您选择了【单选项对话框】菜单项",
Toast.LENGTH_SHORT).show();
          break;
        case 4: //复选项对话框代码
          Toast.makeText(MainActivity.this, "您选择了【复选项对话框】菜单项",
Toast.LENGTH_SHORT).show();
          break;
        case 5: //编辑项对话框代码
          Toast.makeText(MainActivity.this, "您选择了【编辑项对话框】菜单项",
Toast.LENGTH_SHORT).show();
          break;
        case 6: //自定义对话框代码
          Toast.makeText(MainActivity.this, "您选择了【自定义对话框】菜单项",
Toast.LENGTH_SHORT).show();
          break;
        }
        return super.onOptionsItemSelected(item);
    }
}
```

4. 运行调试

保存文件，浏览设计效果，如图 3-27 所示。运行该项目，测试程序的运行效果。

图 3-27　项目 dialogdemo 菜单界面运行效果

第二步：设计与制作【常见的对话框】界面和实现演示功能

【常见的对话框】的设计和演示功能效果如图 3-28 所示。

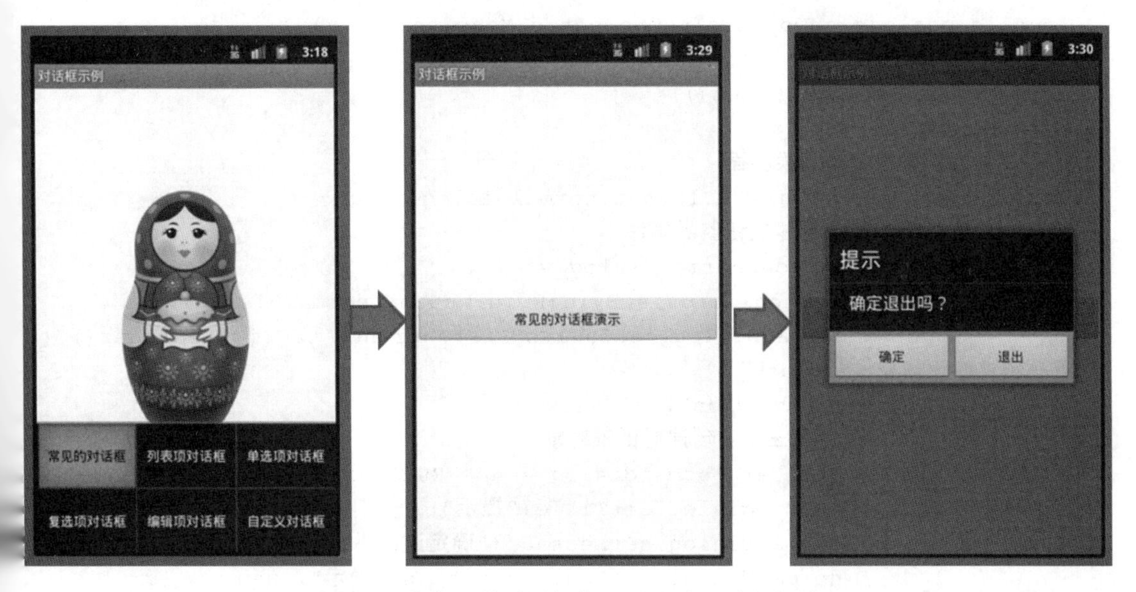

图 3-28 【常见的对话框】界面和演示功能设计

1. 界面文件创建

在项目 dialogdemo 的【layout】文件夹中创建界面文件 normaldialog.xml，如图 3-29 所示。

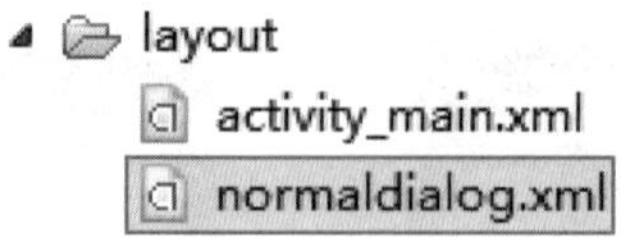

图 3-29　创建界面文件 normaldialog.xml

2. 界面代码编写

在 normaldialog.xml 文件中输入以下 xml 代码。

```
<LinearLayout xmlns:android="http://schemas.android.com/apk/res/android"
    android:layout_width="fill_parent"
    android:layout_height="fill_parent"
    android:orientation="vertical"
    android:gravity="center" >
    <Button android:id="@+id/menu_normaldialog_button"
        android:layout_width="fill_parent"
        android:layout_height="wrap_content"
        android:text="常见的对话框演示" />
</LinearLayout>
```

3. 功能代码实现

在 MainActivity 类中重写 onOptionsItemSelected 方法，编写的功能代码如下：

```
@Override
public boolean onOptionsItemSelected(MenuItem item) {
    // 在这里添加菜单 Menu 的执行代码
    switch(item.getOrder()){
    case 1:
        //第一步：切换界面
        setContentView(R.layout.normaldialog);
        //第二步：创建按钮监听事件
        Button button_normaldialog =
                (Button)findViewById(R.id.button_normaldialog);
        button_normaldialog.setOnClickListener(new OnClickListener() {
            @Override
            public void onClick(View v) {
                //第三步：创建对话框对象
                Builder normaldialog = new Builder(MainActivity.this);
                normaldialog.setTitle("提示");
                normaldialog.setMessage("确定退出吗？");
                normaldialog.setPositiveButton("确定", new
                        DialogInterface.OnClickListener() {
```

```
                @Override
                public void onClick(DialogInterface dialog, int which) {
                        // 在这里添加【确定】按钮的处理事件代码
                        dialog.dismiss();
                        MainActivity.this.finish();
                    }
                });
                normaldialog.setNegativeButton("退出", new
                        DialogInterface.OnClickListener() {
                    @Override
                public void onClick(DialogInterface dialog, int which) {
                        // 在这里添加【退出】按钮的处理事件代码
                        dialog.dismiss();
                    }
                });
                normaldialog.create().show();
            }
        });
        break;
    }
    return super.onOptionsItemSelected(item);
}
```

第三步：设计与制作【列表项对话框】界面和实现演示功能

【列表项对话框】的设计和演示功能效果如图 3-30 所示。

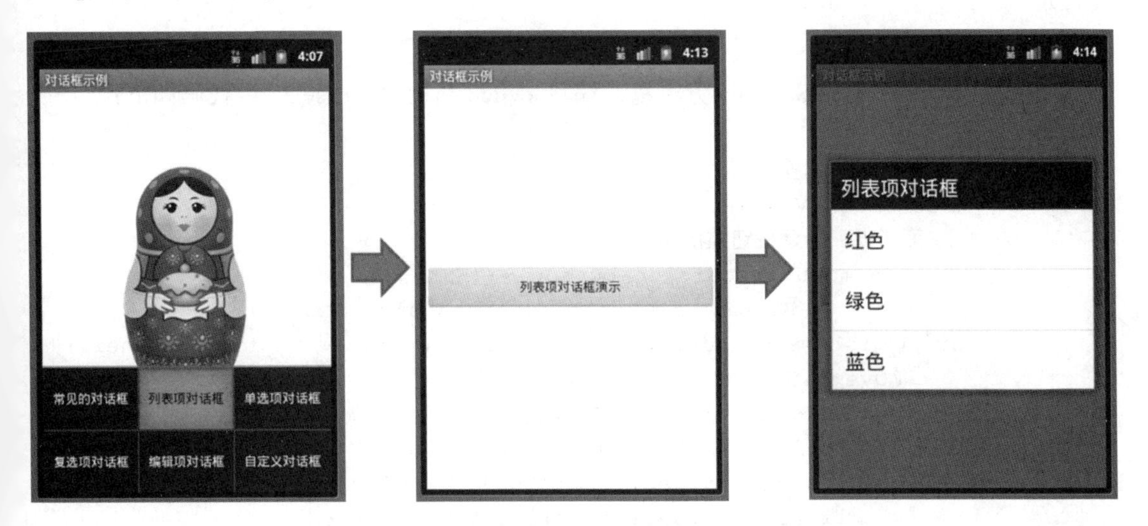

图 3-30 【列表项对话框】界面和演示功能设计

1. 界面文件创建

在项目 dialogdemo 的【layout】文件夹中创建界面文件 listdialog.xml，如图 3-31 所示。

layout
activity_main.xml
listdialog.xml
normaldialog.xml

图 3-31 创建界面文件 listdialog.xml

2. 界面代码编写

在 listdialog.xml 文件中输入以下 xml 代码。

```
<?xml version="1.0" encoding="utf-8"?>
<LinearLayout xmlns:android="http://schemas.android.com/apk/res/android"
    android:layout_width="fill_parent"
    android:layout_height="fill_parent"
    android:orientation="vertical"
    android:gravity="center" >
    <Button android:id="@+id/menu_listdialog_button"
        android:layout_width="fill_parent"
        android:layout_height="wrap_content"
        android:text="列表项对话框演示" />
</LinearLayout>
```

3. 功能代码实现

（1）在 MainActivity 类中添加字符串数组 listitems，存放列表选项中用于显示的文字。代码如下：

```
String[] listitems = {"红色","绿色","蓝色"};
```

（2）在 onOptionsItemSelected 方法里，编写 switch 结构中“case 2:”，代码如下：

```
case 2:
    //第一步：切换界面
    setContentView(R.layout.listdialog);
    //第二步：创建按钮监听事件
    Button menu_listdialog_button = (Button)
            findViewById(R.id.menu_listdialog_button);
    menu_listdialog_button.setOnClickListener(new OnClickListener() {
        @Override
        public void onClick(View v) {
            Builder listdialog = new Builder(MainActivity.this);
            listdialog.setTitle("列表项对话框");
            listdialog.setItems(listitems, new
                    DialogInterface.OnClickListener() {
            @Override
            public void onClick(DialogInterface dialog, int which) {
        Toast.makeText(MainActivity.this, "您选了"+listitems[which],
                        Toast.LENGTH_SHORT).show();
```

```
                }
            });
            listdialog.show();
        }
    });
    break;
```

第四步：设计与制作【单选项对话框】界面和实现演示功能

【单选项对话框】的设计和演示功能效果如图 3-32 所示。

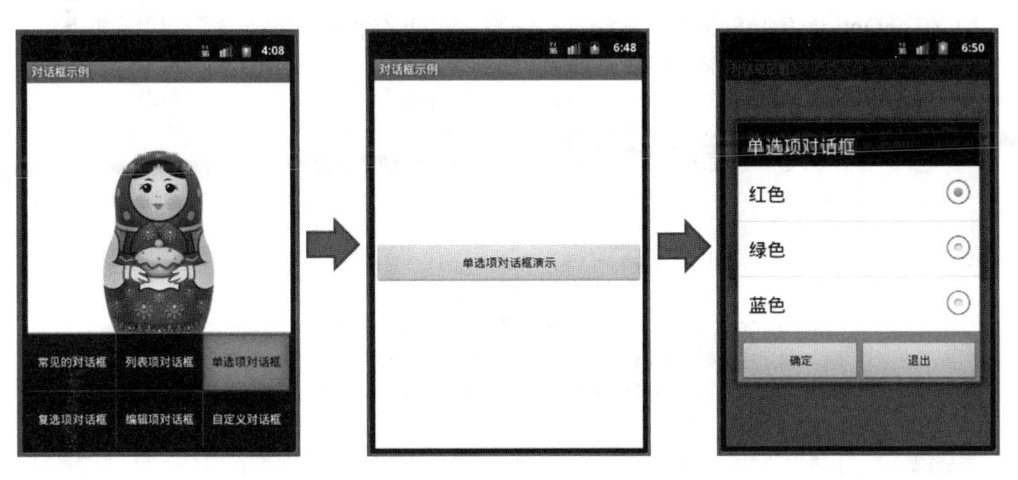

图 3-32 【单选项对话框】界面和演示功能设计

1. 界面文件创建

在项目 dialogdemo 的【layout】文件夹中创建界面文件 radiodialog.xml，如图 3-33 所示。

图 3-33 创建界面文件 radiodialog.xml

2. 界面代码实现

在 radiodialog.xml 文件中输入以下 xml 代码。

```
<?xml version="1.0" encoding="utf-8"?>
<LinearLayout xmlns:android="http://schemas.android.com/apk/res/android"
    android:layout_width="fill_parent"
    android:layout_height="fill_parent"
    android:orientation="vertical"
    android:gravity="center" >
    <Button android:id="@+id/menu_radiodialog_button"
```

```
        android:layout_width="fill_parent"
        android:layout_height="wrap_content"
        android:text="单选项对话框演示"/>
</LinearLayout>
```

3. 功能代码编写

（1）在 MainActivity 类中添加整型变量 singleChoiceId，用于表示用户选择的选项，默认为 -1，表示用户没有选择任何选项。代码如下：

```
int singleChoiceId = -1;
```

（2）在 onOptionsItemSelected 方法里，编写 switch 结构中“case 3:”，代码如下：

```
case 3://单选项对话框演示代码
    setContentView(R.layout.radiodialog);
    Button menu_radiodialog_button = (Button)
         findViewById(R.id.menu_radiodialog_button);
menu_radiodialog_button.setOnClickListener(new OnClickListener() {
         @Override
         public void onClick(View v) {
             Builder radiodialog = new Builder(MainActivity.this);
             radiodialog.setTitle("单选项对话框");
             radiodialog.setSingleChoiceItems(listitems, 0, new
                    DialogInterface.OnClickListener() {
             @Override
             public void onClick(DialogInterface dialog, int which) {
                    singleChoiceId = which;
                }
             });
             radiodialog.setPositiveButton("确定", new
                 DialogInterface.OnClickListener() {
             @Override
             public void onClick(DialogInterface dialog, int which) {
                    if(singleChoiceId>=0){
                            Toast.makeText(MainActivity.this, "您选了
"+singleChoiceId+listitems[singleChoiceId], Toast.LENGTH_SHORT).show();
                    }
                }
             });
             radiodialog.setNegativeButton("退出", new
                  DialogInterface.OnClickListener() {
             @Override
             public void onClick(DialogInterface dialog, int which) {
                   dialog.dismiss();
               }
             });
             radiodialog.show();
        }
    });
    break;
```

第五步：设计与制作【复选项对话框】界面和实现演示功能

【复选项对话框】的设计和演示功能效果如图 3-34 所示。

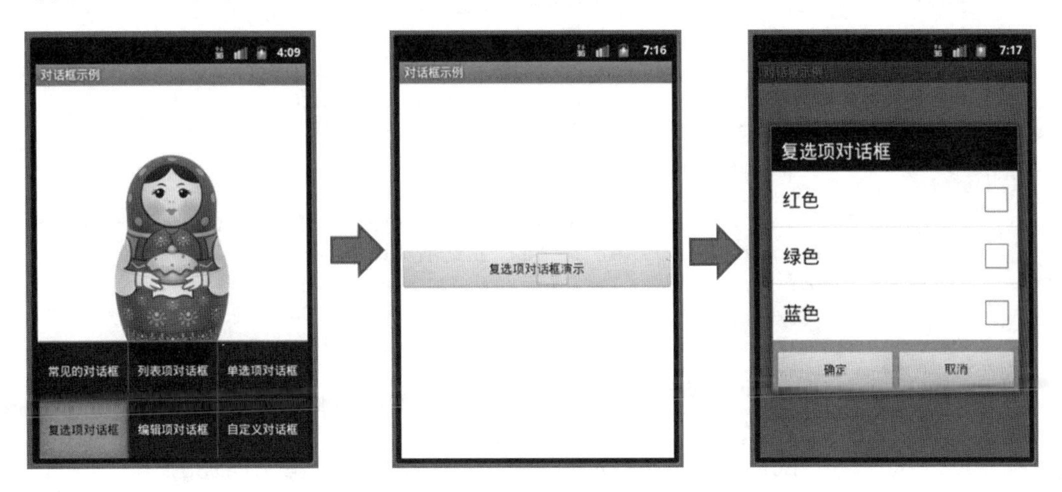

图 3-34 【复选项对话框】界面和演示功能设计

1. 界面文件创建

在项目 dialogdemo 的【layout】文件夹中创建界面文件 checkboxdialog.xml，如图 3-35 所示。

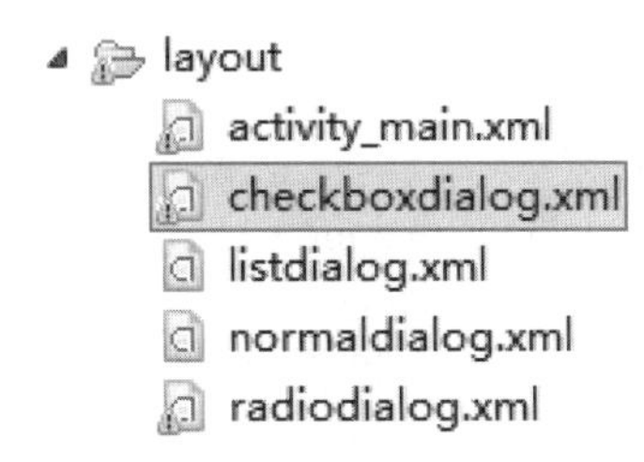

图 3-35 创建界面文件 checkboxdialog.xml

2. 界面代码实现

在 checkboxdialog.xml 文件中输入以下 xml 代码。

```
<?xml version="1.0" encoding="utf-8"?>
<LinearLayout xmlns:android="http://schemas.android.com/apk/res/android"
    android:layout_width="fill_parent"
    android:layout_height="fill_parent"
    android:orientation="vertical"
    android:gravity="center" >
    <Button android:id="@+id/menu_checkboxdialog_button"
        android:layout_width="fill_parent"
        android:layout_height="wrap_content"
        android:text="复选项对话框演示" />
</LinearLayout>
```

3. 功能代码编写

```
case 4://复选项对话框演示代码
    setContentView(R.layout.checkboxdialog);
    Button menu_checkboxdialog_button =
       (Button)findViewById(R.id.menu_checkboxdialog_button);
    menu_checkboxdialog_button.setOnClickListener(new
          OnClickListener() {
        @Override
        public void onClick(View v) {
            Builder checkboxdialog = new Builder(MainActivity.this);
            checkboxdialog.setTitle("复选项对话框");
            final ArrayList<Integer> multichoiceid =
                new ArrayList <Integer>();
            checkboxdialog.setMultiChoiceItems(listitems, new
                  boolean[]{false,false,false},
                new DialogInterface.OnMultiChoiceClickListener() {
                @Override
                public void onClick(DialogInterface dialog,
                  int which, boolean isChecked) {
                    if(isChecked){
                        multichoiceid.add(which);
                Toast.makeText(MainActivity.this, "您选择了"+
                       listitems[which], Toast.LENGTH_SHORT).show();
                   }else{
                        multichoiceid.remove(which);
                   }
                }
            });
            checkboxdialog.setPositiveButton("确定", new
                  DialogInterface.OnClickListener() {
           @Override
           public void onClick(DialogInterface dialog, int which) {
                   String str="";
                   int size = multichoiceid.size();
                   for(int i=0;i<size;i++){
                       str+=listitems[multichoiceid.get(i)]+" ";
                   }
                   Toast.makeText(MainActivity.this, "您确定选择了"+
                       str, Toast.LENGTH_SHORT).show();
                }
            });
            checkboxdialog.setNegativeButton("取消", new
                   DialogInterface.OnClickListener() {
            @Override
            public void onClick(DialogInterface dialog, int which) {
                }
            });
            checkboxdialog.create().show();
        }
    });
    break;
```

第六步：设计与制作【编辑项对话框】界面和实现演示功能

【编辑项对话框】的设计和演示功能效果如图 3-36 所示。

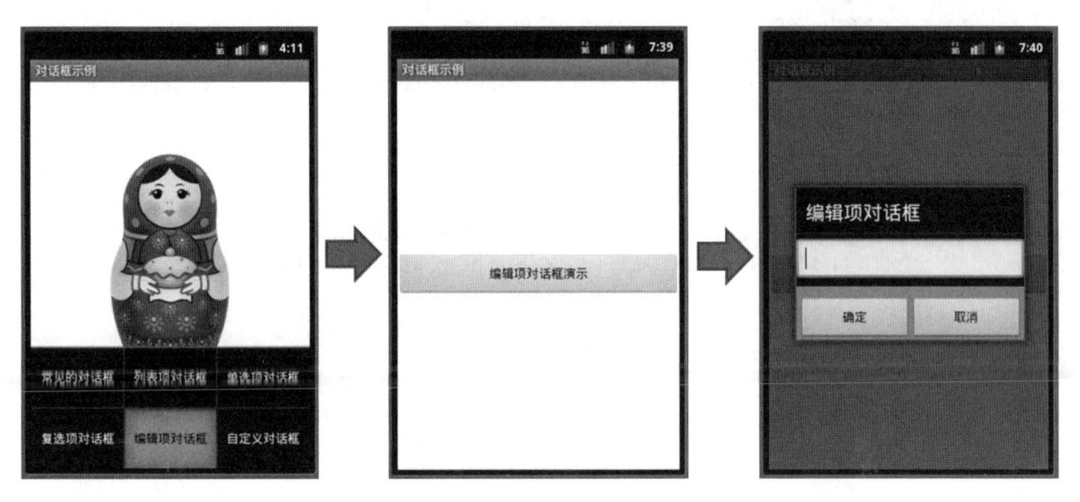

图 3-36 【编辑项对话框】界面和演示功能设计

1. 界面文件创建

在项目 dialogdemo 的【layout】文件夹中创建界面文件 edittextdialog.xml，如图 3-37 所示。

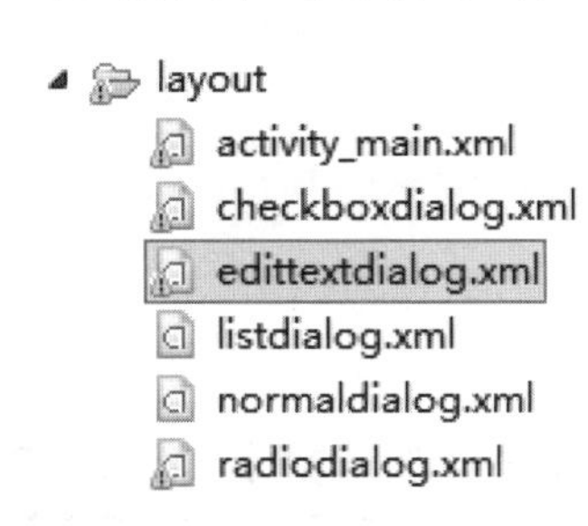

图 3-37 创建界面文件 edittextdialog.xml

2. 界面代码实现

在 edittextdialog.xml 文件中输入以下 xml 代码。

```
<?xml version="1.0" encoding="utf-8"?>
<LinearLayout xmlns:android="http://schemas.android.com/apk/res/android"
    android:layout_width="fill_parent"
    android:layout_height="fill_parent"
    android:orientation="vertical"
    android:gravity="center" >
    <Button android:id="@+id/menu_edittextdialog_button"
        android:layout_width="fill_parent"
        android:layout_height="wrap_content"
        android:text="编辑项对话框演示" />
</LinearLayout>
```

3. 功能代码编写

```
case 5:
    setContentView(R.layout.edittextdialog);
    Button menu_edittextdialog_button =
        (Button)findViewById(R.id.menu_edittextdialog_button);
    menu_edittextdialog_button.setOnClickListener(
        new OnClickListener() {
        @Override
        public void onClick(View v) {
            Builder edittextdialog = new Builder(MainActivity.this);
            edittextdialog.setTitle("编辑项对话框");
            final EditText edittext = new EditText(MainActivity.this);
            edittextdialog.setView(edittext);
            edittextdialog.setPositiveButton("确定",
                    new DialogInterface.OnClickListener() {
            @Override
            public void onClick(DialogInterface dialog, int which) {
                    Toast.makeText(MainActivity.this, "您输入了"+
                            edittext.getText(),
                            Toast.LENGTH_SHORT).show();
                }
            });
            edittextdialog.setNegativeButton("取消",
                    new DialogInterface.OnClickListener() {
            @Override
            public void onClick(DialogInterface dialog, int which) {
                }
            });
            edittextdialog.create().show();
        }
    });
    break;
```

第七步：设计与制作【自定义对话框】界面和实现演示功能

【自定义对话框】的设计和演示功能效果如图 3-38 所示。

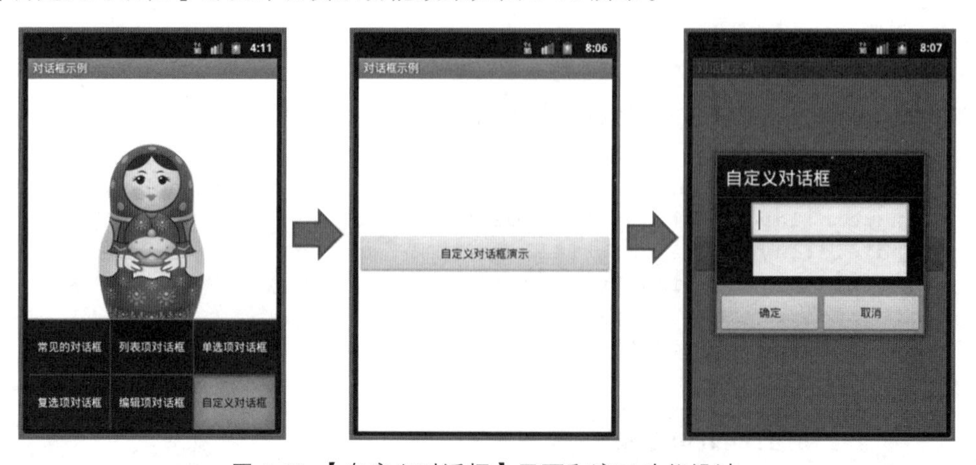

图 3-38 【自定义对话框】界面和演示功能设计

1. 界面文件创建

在项目 dialogdemo 的【layout】文件夹中创建界面文件 customdialog.xml，如图 3-39 所示。

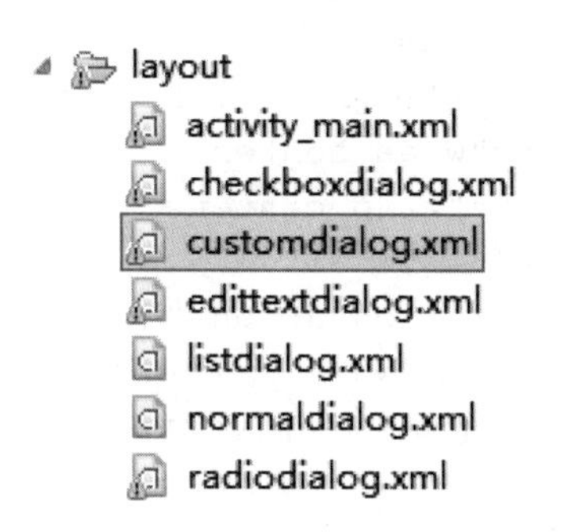

图 3-39 创建界面文件 customdialog.xml

2. 界面代码实现

在 customdialog.xml 文件中输入以下 xml 代码。

```
<?xml version="1.0" encoding="utf-8"?>
<LinearLayout xmlns:android="http://schemas.android.com/apk/res/android"
    android:layout_width="fill_parent"
    android:layout_height="fill_parent"
    android:orientation="vertical"
    android:gravity="center" >
    <Button android:id="@+id/menu_customdialog_button"
       android:layout_width="fill_parent"
       android:layout_height="wrap_content"
       android:text="自定义对话框演示" />
</LinearLayout>
```

3. 登录界面创建

自定义对话框需要自定义界面设计，这里设计一个用户登录界面作为演示。在项目 dialogdemo 的【layout】文件夹中创建界面文件 login.xml，如图 3-40 所示。

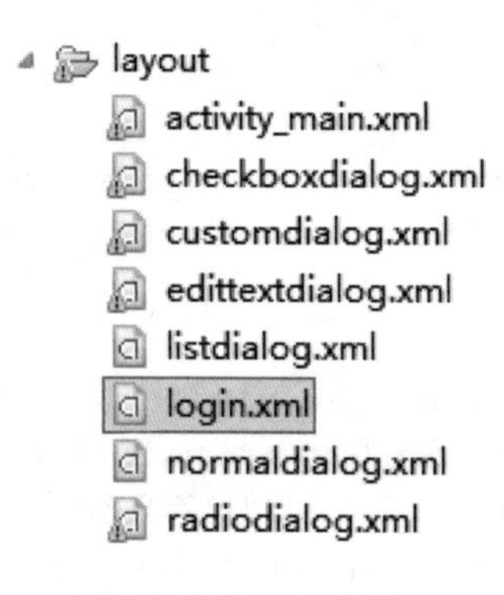

图 3-40 创建登录界面文件 login.xml

4. 界面代码实现

在 login.xml 文件中输入以下 xml 代码。

```
<?xml version="1.0" encoding="utf-8"?>
<LinearLayout xmlns:android="http://schemas.android.com/apk/res/android"
    android:layout_width="wrap_content"
    android:layout_height="wrap_content"
    android:orientation="vertical" >
    <LinearLayout android:orientation="horizontal"
        android:layout_width="wrap_content"
        android:layout_height="wrap_content" >
        <TextView android:text="账号: "
            android:layout_width="wrap_content"
            android:layout_height="wrap_content" />
        <EditText android:id="@+id/username"
            android:layout_width="wrap_content"
            android:layout_height="wrap_content"
            android:minWidth="200dip" />
    </LinearLayout>
    <LinearLayout android:orientation="horizontal"
        android:layout_width="wrap_content"
        android:layout_height="wrap_content" >
        <TextView android:text="密码: "
            android:layout_width="wrap_content"
            android:layout_height="wrap_content" />
        <EditText android:id="@+id/password"
            android:layout_width="wrap_content"
            android:layout_height="wrap_content"
            android:minWidth="200dip" />
    </LinearLayout>
</LinearLayout>
```

5. 功能代码编写

```
case 6:
    setContentView(R.layout.customdialog);
    Button menu_customdialog_button =
       (Button)findViewById(R.id.menu_customdialog_button);
    menu_customdialog_button.setOnClickListener(
        new OnClickListener(){
        @Override
        public void onClick(View v) {
            Builder customdialog = new Builder(MainActivity.this);
            customdialog.setTitle("自定义对话框");
            LayoutInflater layoutinflater =
                LayoutInflater.from(MainActivity.this);
```

```
        final View loginview =
            layoutinflater.inflate(R.layout.login, null);
        customdialog.setView(loginview);
        customdialog.setPositiveButton("确定",
            new DialogInterface.OnClickListener() {
            @Override
            public void onClick(DialogInterface dialog, int which){
                EditText username =
                 (EditText)loginview.findViewById(R.id.username);
                EditText password =
                 (EditText)loginview.findViewById(R.id.password);
                Toast.makeText(MainActivity.this,
                    "账号："+username.getText().toString()+
                    "\n"+"密码："+password.getText().toString(),
                    Toast.LENGTH_SHORT).show();
            }
        });
        customdialog.setNegativeButton("取消",
                new DialogInterface.OnClickListener() {
            @Override
            public void onClick(DialogInterface dialog, int which){
            }
        });
        customdialog.create().show();
    }
});
break;
```

【技术知识】

知识点 1：对话框

在 Android 开发当中，在界面上弹出一个 Dialog 对话框是我们经常要做的。Dialog 是一个在屏幕上弹出一个可以让用户做选择或者输入额外的信息的对话框，通常需要用户做出一个决定后才会继续执行。

Android 提供了丰富的 Dialog 函数，本任务介绍了常用的 6 种对话框的使用方法，包括普通、列表、单选、多选、编辑、自定义等多种形式。

知识点 2：对话框常用方法

（1）setPositiveButton(CharSequence text, DialogInterface.OnClickListener listener)
是一个相当于 OK、确定操作的按钮。
（2）setNegativeButton (CharSequence text, DialogInterface.OnClickListener listener)
是一个相当于取消操作的按钮。
（3）setNeutralButton (CharSequence text, DialogInterface.OnClickListener listener)
是一个相当于忽略操作的按钮。

【实战训练】

创建一个 Android 应用程序项目，在项目中使用对话框实现如图 3-41 所示软件的制作。

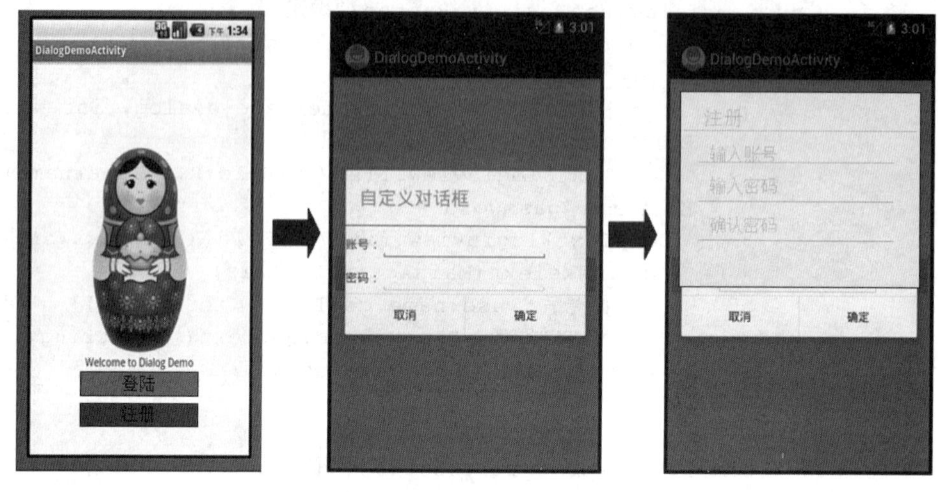

图 3-41　对话框实战训练

任务 3-9　日期和时间选择控件的使用

【任务目标】

使用 DatePicker 和 TimePicker 设计与制作一个日期和时间的选择器。

【任务描述】

日期和时间的选择器的界面设计与功能效果如图 3-42 所示。

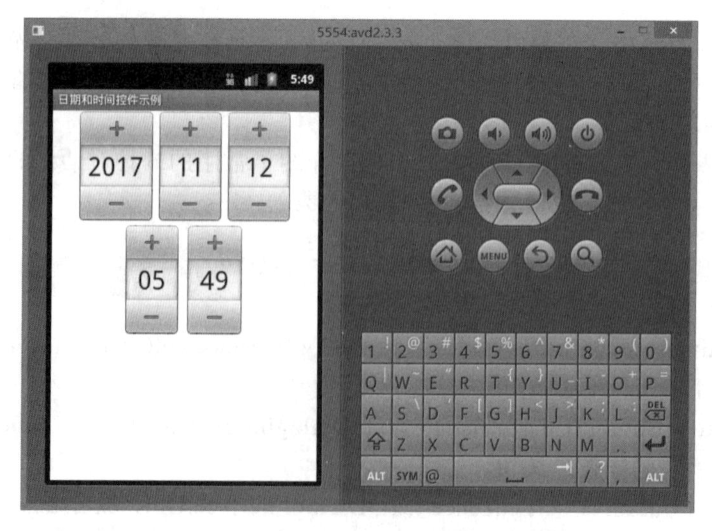

图 3-42　日期和时间选择器界面任务

【任务分析】

日期选择器界面由 1 个 TextView 和 1 个 Button 构成，采用垂直线性布局设计。功能设计如下：当点击【改变日期】按钮，弹出日期选择器对话框，选择所要设置的日期，点击【设置】，则设置的日期就显示在 TextView 中。

【任务实施】

1. 设计界面

创建一个【Android Application Project】，将项目命名为“datepicker_timepicker_demo”。双击打开项目“datepicker_timepicker_demo”中的主界面文件“activity_main.xml”，编写界面程序，在程序编辑窗口输入对应 xml 代码，完成界面代码的编写。

```
<LinearLayout xmlns:android="http://schemas.android.com/apk/res/android"
    xmlns:tools="http://schemas.android.com/tools"
    android:layout_width="match_parent"
    android:layout_height="match_parent"
    android:orientation="vertical" >
    <DatePicker
        android:id="@+id/datepicker"
        android:layout_width="match_parent"
        android:layout_height="wrap_content" />
    <TimePicker
        android:id="@+id/timepicker"
        android:layout_width="match_parent"
        android:layout_height="wrap_content" />
</LinearLayout>
```

2. 实现功能

双击打开 src 目录中的“MainActivity.java”程序，在程序编辑窗口输入对应 Java 代码，完成功能代码的编写。

```
import java.text.SimpleDateFormat;
import java.util.Calendar;
import android.os.Bundle;
import android.app.Activity;
import android.view.Menu;
import android.widget.DatePicker;
import android.widget.DatePicker.OnDateChangedListener;
import android.widget.TimePicker;
import android.widget.Toast;
public class MainActivity extends Activity {
    @Override
    public void onCreate(Bundle savedInstanceState) {
        super.onCreate(savedInstanceState);
        setContentView(R.layout.activity_main);
        DatePicker datepicker = (DatePicker) findViewById(R.id.datepicker);
```

```
        TimePicker timepicker = (TimePicker) findViewById(R.id.timepicker);
        datepicker.init(2017, 10, 12, new OnDateChangedListener(){
        @Override
            public void onDateChanged(DatePicker view, int year,
                    int monthOfYear, int dayOfMonth) {
                // 获取一个日历对象，并初始化为当前选中的时间
                Calendar calendar = Calendar.getInstance();
                calendar.set(year, monthOfYear, dayOfMonth);
                SimpleDateFormat format = new SimpleDateFormat(
                        "yyyy年MM月dd日  HH:mm");
                Toast.makeText(MainActivity.this,
                        format.format(calendar.getTime()),
                       Toast.LENGTH_SHORT).show();
            }
        });
        timepicker.setIs24HourView(true);
        timepicker.setOnTimeChangedListener(
           new TimePicker.OnTimeChangedListener() {
            @Override
            public void onTimeChanged(TimePicker view,
            int hourOfDay,int minute) {
            Toast.makeText(MainActivity.this,
                    hourOfDay + "小时" + minute + "分钟",
                    Toast.LENGTH_SHORT).show();
              }
        });
    }
}
```

3. 运行调试

保存文件，浏览设计效果，如图 3-43 所示。运行该项目，测试程序的运行效果。

图 3-43　datepicker_timepicker_demo 运行效果

【技术知识】

知识点 1：Android 开发中的日期和时间控件

在 Android 开发中，时间和日期控件相对来说还是比较丰富的，有 DatePicker、TimePicker、DatePickerDialog、TimePickerDialog、AnalogClock、DigitalClock 等。其中，DatePicker 用来实现日期输入设置，TimePicker 用来实现时间输入设置。DatePickerDialog 用来显示日期对话框，TimePickerDialog 用来显示时间对话框。AnalogClock 用来显示一个指针式时钟，DigitalClock 用来显示一个数字式时钟。

DatePickerDialog 和 TimePickerDialog，与 DatePicker 和 TimePicker，最大的区别是 DatePicker 和 TimePicker 是直接显示在屏幕画面上的，而 DatePickerDialog 和 TimePickerDialog 对象则是以弹出 Dialog 的方式来显示。

知识点 2：日期选择控件 DatePicker

在 Android 中，DatePicker 用来实现日期输入设置，日期的设置范围为 1900 年 1 月 1 日至 2100 年 12 月 31 日。

TimePicker 常用 xml 属性见表 3.5。

表 3-5　TimePicker 常用 xml 属性

属性名称	描　述
android:calendarViewShown	设置该日期选择是否显示 CalendarView 组件
android:endYear	设置日期选择器允许选择的最后一年
android:maxDate	设置该日期选择器的最大日期。以 mm/dd/yyyy 格式指定最大日期
android:minDate	设置该日期选择器的最小日期。以 mm/dd/yyyy 格式指定最小日期
android:spinnersShown	设置该日期选择器是否显示 Spinner 日期选择组件
android:startYear	设置日期选择器允许选择的第一年

常用方法如下：

（1）public CalendarView getCalendarView();//获取 CalendarView

（2）public boolean getCalendarViewShown();//获取 CalendarView 是否显示

（3）public int getDayOfMonth(); //获取当前日期的日

（4）public long getMaxDate();//获取最大日期

（5）public long getMinDate();//获取最小日期

（6）public int getMonth();//获取当前日期的月

（7）public boolean getSpinnersShown();//获取 Spinners 是否显示

（8）public int getYear();//获取当前日期的年

（9）public void init(int year,int monthOfYear,int dayOfMonth, DatePicker.OnDateChangedListener onDateChangedListener); //初始化日期

（10）public void setCalendarViewShown(boolean shown);//设置是否显示 CalendarView

（11）public void setMaxDate(long maxDate); //设置最大日期

（12）public void setMinDate(long minDate); //设置最小日期

（13）public void setSpinnersShown(boolean shown); //设置是否显示 Spinners

（14）public void updateDate(int year,int month,int dayOfMonth); //更新当前日期

知识点 3：时间选择控件 TimePicker

在 Android 中，TimePicker 用来实现时间输入设置，可以选择 12 或 24 小时模式。

TimePicker 的常用方法如下：

（1）public Integer getCurrentHour();//获取当前时间的小时

（2）public Integer getCurrentMinute();//获取当前时间的分钟

（3）public boolean is24HourView();//获取是否为 24 小时模式

（4）public void setCurrentHour(Integer currentHour); //设置当前时间的小时

（5）public void setCurrentMinute(Integer currentMinute); //设置当前时间的分钟

（6）public void setIs24HourView(Boolean is24HourView); //设置 24 小时模式

知识点 4：日期选择对话框 DatePickerDialog

在 Android 中，DatePickerDialog 用来显示日期对话框。

DatePickerDialog 的语法如下：

DatePickerDialog(Context context, DatePickerDialog.OnDateSetListener callBack, int year, int monthOfYear, int dayOfMonth)

参数说明：

context：当前上下文；

callback：OnDateSetListener 日期改变监听器；

year：初始化的年；

monthOfYear：初始化的月（从 0 开始计数，所以实际应用时需要加 1）；

dayOfMonth：初始化的日；

注：当用户更改了 DatePickerDialog 里的年、月、日时，将触发 OnDateSetListener 监听器的 onDateSet()事件。

DatePickerDialog 的常用方法如下：

（1）public DatePicker getDatePicker();//获取 DatePicker 中的日期值

（2）public void onClick(DialogInterface dialog,int which); //响应对话框中的点击事件

（3）public void onDateChanged(DatePicker view,int year,int month,int day); //响应日期改变事件

（4）public void updateDate(int year,int monthOfYear,int dayOfMonth); //更新当前日期

知识点 5：时间选择对话框 TimePickerDialog

在 Android 中，TimePickerDialog 用来显示时间对话框。

TimePickerDialog 的语法如下：

TimePickerDialog(Context context, TimePickerDialog.OnTimeSetListener listener, int hourOfDay, int minute, boolean is24HourView)

参数说明：

context：当前上下文；

listener：时间改变监听器；

hourOfDay：初始化的小时；

minute：初始化的分钟；

is24HourView：是否以 24 小时显示时间；

注：当用户更改了 TimePickerDialog 里的时、分时，将触发 OnTimeSetListener 监听器的 onTimeSet()事件。

TimePickerDialog 的常用方法如下：

（1）public void onClick(DialogInterface dialog,int which); //响应对话框中的点击事件

（2）public void onTimeChanged(TimePicker view,int hourOfDay,int minute); //响应时间改变事件

（3）public void updateTime(int hourOfDay,int minuteOfHour); //更新当前时间

【实战训练】

创建一个 Android 应用程序项目，编程实现如图 3-44 所示的时间设置界面的制作。

图 3-44　日期时间控件实战训练

项目小结

本项目介绍了 Android 系统中 AnalogClock、DigitalClock、Button、EditText、RadioButton、

CheckBox、ImageButton、Menu 等界面控件的应用，以及这些控件的编程开发技术。着重介绍了 Android 系统中对话框的设计和编程方法。

项目重点：熟练掌握 Button、EditText、RadioButton、CheckBox、Menu 等界面控件的设计和编程方法和技巧、熟练掌握对话框的使用和编程方式。能够根据 Android 应用软件项目来设计和实现程序基础界面的设计与制作，以及相应功能的实现。

考核评价

在本项目教学和实施过程中，教师和学生可以根据考核评价表 3-6 对各项任务进行考核评价。考核主要针对学生在技术内容、技能情况、技能实战训练的掌握程度和完成效果进行评价。

表 3-6　考核评价表

<table>
<tr><td rowspan="3">评价内容</td><td colspan="10">评价标准</td></tr>
<tr><td colspan="2">技术知识</td><td colspan="2">技能训练</td><td colspan="2">项目实战</td><td colspan="2">完成效果</td><td colspan="2">总体评价</td></tr>
<tr><td>个人评价</td><td>教师评价</td><td>个人评价</td><td>教师评价</td><td>个人评价</td><td>教师评价</td><td>个人评价</td><td>教师评价</td><td>个人评价</td><td>教师评价</td></tr>
<tr><td>任务 3-1</td><td></td><td></td><td></td><td></td><td></td><td></td><td></td><td></td><td></td><td></td></tr>
<tr><td>任务 3-2</td><td></td><td></td><td></td><td></td><td></td><td></td><td></td><td></td><td></td><td></td></tr>
<tr><td>任务 3-3</td><td></td><td></td><td></td><td></td><td></td><td></td><td></td><td></td><td></td><td></td></tr>
<tr><td>任务 3-4</td><td></td><td></td><td></td><td></td><td></td><td></td><td></td><td></td><td></td><td></td></tr>
<tr><td>任务 3-5</td><td></td><td></td><td></td><td></td><td></td><td></td><td></td><td></td><td></td><td></td></tr>
<tr><td>任务 3-6</td><td></td><td></td><td></td><td></td><td></td><td></td><td></td><td></td><td></td><td></td></tr>
<tr><td>任务 3-7</td><td></td><td></td><td></td><td></td><td></td><td></td><td></td><td></td><td></td><td></td></tr>
<tr><td>任务 3-8</td><td></td><td></td><td></td><td></td><td></td><td></td><td></td><td></td><td></td><td></td></tr>
<tr><td>任务 3-9</td><td></td><td></td><td></td><td></td><td></td><td></td><td></td><td></td><td></td><td></td></tr>
<tr><td>存在问题与解决办法（应对策略）</td><td colspan="10"></td></tr>
<tr><td>学习心得与体会分享</td><td colspan="10"></td></tr>
</table>

项目 4　Android 程序高级控件应用

知识目标

- ◆ 认识 Spinner、ListView、GridView、Gallery、ImageSwitch、WebView 等高级控件；
- ◆ 了解 Spinner、ListView、GridView 等高级控件的使用方法和技巧；
- ◆ 掌握高级控件的界面设计方法。

技能目标

- ◆ 掌握 Android 程序界面高级控件技术和使用方法；
- ◆ 会使用 Spinner、ListView、GridView、Gallery、ImageSwitch、WebView、SeekBar、RatingBar 等控件及其编程应用；
- ◆ 能根据需求使用高级控件完成界面设计。

任务导航

- ◆ 任务 4-1　下拉列表 Spinner 使用；
- ◆ 任务 4-2　列表视图 ListView 使用；
- ◆ 任务 4-3　网格视图 GridView 使用；
- ◆ 任务 4-4　画廊视图 Gallery 使用；
- ◆ 任务 4-5　图像切换器 ImageSwitcher 使用；
- ◆ 任务 4-6　电子相册制作；
- ◆ 任务 4-7　网页视图 WebView 使用；
- ◆ 任务 4-8　拖动条 SeekBar 使用；
- ◆ 任务 4-9　评分条 RatingBar 使用。

任务 4-1　下拉列表 Spinner 应用

【任务目标】

设计并制作一个颜色选择列表。

【任务描述】

本次任务完成如图 4-1 所示的一个颜色选择器，这里使用下拉列表控件 Spinner 来实现这个颜色选择器。

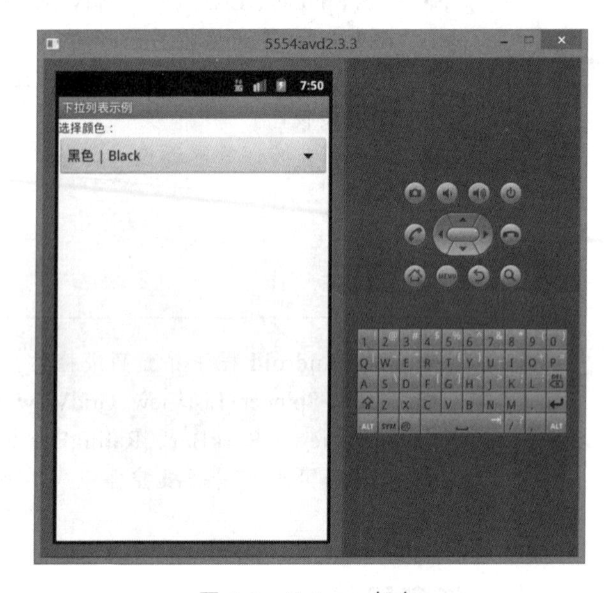

图 4-1　Spinner 任务

【任务分析】

Spinner 是 Android 系统中的一个下拉列表控件，但点击该控件，会弹出一个可供用户选择的下拉列表，其特点是只需要用户进行选择，而不需要用户输入任何文字。该控件拥有下拉列表，因此需要设置下拉列表选项的数据值。本任务我们将使用一个字符串数组来定义列表选项的数值，同时在 Java 程序中使用 ArrayAdapter 来实现字符串数组的载入。

【任务实施】

1. 设计主界面

创建一个【Android Application Project】，将该项目命名为“spinnerdemo”。编写主界面 xml 代码，在项目“spinnerdemo”中双击打开主界面程序“activity_main.xml”，在代码编辑

窗口输入对应程序代码，完成界面代码的编写。

```
<LinearLayout xmlns:android="http://schemas.android.com/apk/res/android"
    xmlns:tools="http://schemas.android.com/tools"
    android:orientation="vertical"
    android:layout_width="fill_parent"
    android:layout_height="fill_parent" >
    <TextView
        android:layout_width="fill_parent"
        android:layout_height="wrap_content"
        android:text="@string/color" />
    <Spinner android:id="@+id/spinner"
        android:layout_width="fill_parent"
        android:layout_height="wrap_content" />
</LinearLayout>
```

2. 编辑下拉列表项文字

打开【values】文件夹中的“strings.xml”文件。在代码编辑窗口输入对应程序代码，完成列表项文字的设置。

```
<resources>
    <string name="app_name">spinnerdemo</string>
    <string name="menu_settings">Settings</string>
    <string name="title_activity_main">下拉列表示例</string>
    <string name="color">选择颜色：</string>
    <string-array name="colors">
        <item>黑色 | Black</item>
        <item>红色 | Red</item>
        <item>绿色 | Green</item>
        <item>蓝色 | Blue</item>
    </string-array>
</resources>
```

3. 实现功能

双击打开 src 目录中的“MainActivity.java”程序，在代码编辑窗口输入对应程序代码，完成功能代码的编写。

```
import android.os.Bundle;
import android.app.Activity;
import android.view.Menu;
import android.view.View;
import android.widget.AdapterView;
import android.widget.AdapterView.OnItemClickListener;
import android.widget.AdapterView.OnItemSelectedListener;
import android.widget.ArrayAdapter;
import android.widget.Spinner;
import android.widget.Toast;
public class MainActivity extends Activity {
    @Override
```

```
    public void onCreate(Bundle savedInstanceState) {
        super.onCreate(savedInstanceState);
        setContentView(R.layout.activity_main);
        Spinner spinner = (Spinner) findViewById(R.id.spinner);
        ArrayAdapter<CharSequence> adapter =
        ArrayAdapter.createFromResource(
            this,
            R.array.colors,
            android.R.layout.simple_spinner_item);
        adapter.setDropDownViewResource(
                android.R.layout.simple_spinner_dropdown_item);
        spinner.setAdapter(adapter);
        spinner.setOnItemSelectedListener(new OnItemSelectedListener() {
            @Override
            public void onItemSelected(AdapterView<?> parent, View view,
                    int position, long id) {
                Toast.makeText(MainActivity.this,
                        parent.getItemAtPosition(position).toString(),
                        Toast.LENGTH_SHORT).show();
            }
            @Override
            public void onNothingSelected(AdapterView<?> arg0) {
            }
        });
    }
}
```

4. 运行调试

保存文件，浏览设计效果，如图 4-2 所示。运行该项目，测试程序的运行效果。

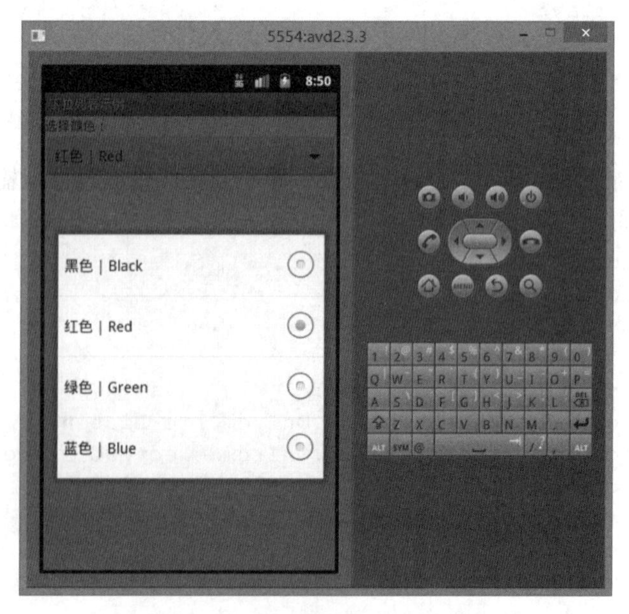

图 4-2　项目 spinnerdemo 运行效果

【技术知识】

知识点 1：认识 Spinner

Spinner 提供了从一个数据集合中快速选择一项值的办法。默认情况下 Spinner 显示的是当前选择的值，点击 Spinner 会弹出一个包含所有可选值的 dropdown 菜单，从该菜单中可以为 Spinner 选择一个新值。

1. 在布局文件中添加 Spinner 控件

```
<LinearLayout
    android:layout_width="fill_parent"
    android:layout_height="fill_parent"
    android:orientation="vertical" >
    <Spinner
        android:id="@+id/spinner"
        android:layout_width="wrap_content"
        android:layout_height="wrap_content"
        android:entries="@array/languages" />
</LinearLayout>
```

其中，android:entries="@array/languages"表示 Spinner 的数据集合是从资源数组 languages 中获取的，languages 数组资源定义在 values/arrays.xml 中。

2. 在 values/arrays.xml 中添加下拉选项

```
<?xml version="1.0" encoding="utf-8"?>
<resources>
    <string-array name="languages">
        <item>汉语</item>
        <item>英语</item>
        <item>日语</item>
    </string-array>
</resources>
```

知识点 2：OnItemSelectedListener

一般情况下可以通过 OnItemSelectedListener 监听器实现 Spinner 选择事件的响应。

```
Spinner spinner = (Spinner) findViewById(R.id.spinner);
spinner.setOnItemSelectedListener(new OnItemSelectedListener() {
    @Override
    public void onItemSelected(AdapterView<?> parent, View view,
            int pos, long id) {
        String[] languages = getResources().getStringArray(R.array.languages);
        Toast.makeText(MainActivity.this, "您点击的是:"+
                languages[pos], 2000).show();
    }
    @Override
```

```
            public void onNothingSelected(AdapterView<?> parent) {
            }
        });
```

知识点 3：设置 Spinner 的适配器 Adapter

Spinner 下拉选项数据可以源于 xml 数组，也可以通过适配器 Adapter 来跟 Spinner 绑定数据。

```
// 初始化控件
Spinner spinner = (Spinner) findViewById(R.id.spinner);
// 建立数据源
String[] mItems = getResources().getStringArray(R.array.languages);
// 建立 Adapter 并且绑定数据源
ArrayAdapter<String> adapter=
    new ArrayAdapter<String>(this,android.R.layout.simple_spinner_item, mItems);
adapter.setDropDownViewResource(android.R.layout.simple_spinner_dropdown_item);
// 绑定 Adapter 到控件
spinner .setAdapter(adapter);
spinner.setOnItemSelectedListener(new OnItemSelectedListener() {
    @Override
    public void onItemSelected(AdapterView<?> parent, View view,
            int pos, long id) {
        String[] languages = getResources().getStringArray(R.array.languages);
        Toast.makeText(MainActivity.this, "用户点击的是:"+
            languages[pos], 2000).show();
    }
    @Override
    public void onNothingSelected(AdapterView<?> parent) {
    }
});
```

其中，ArrayAdapter 是 Android 开发中常用的一种适配器，专门用于列表，用于显示一行数据。

【实战训练】

编程完成如图 4-3 所示的 Android 应用程序的设计和功能实现。

图 4-3　Spinner 实战训练

任务 4-2　列表视图 ListView 应用

【任务目标】

设计并制作一个 IP 地址浏览列表。

【任务描述】

IP 地址浏览列表的界面与功能设计效果如图 4-4 所示。

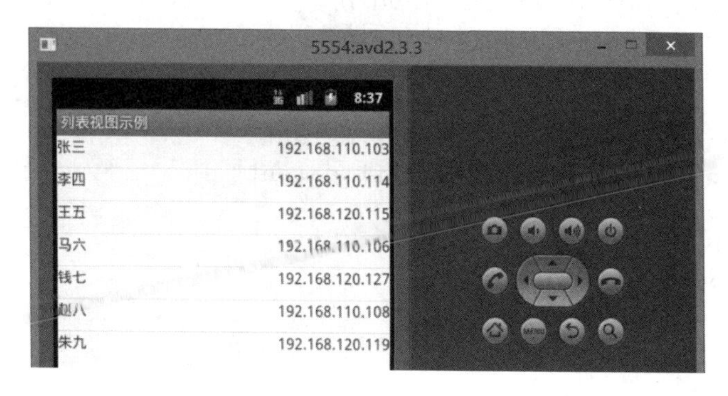

图 4-4　项目 Listviewdemo 运行效果

【任务分析】

IP 地址浏览列表界面设计采用垂直线性布局设计，里面设置 1 个 ListView。对于 ListView 中每个选项的界面设计，采用 2 个水平分布的 TextView，分别用于实现姓名和 IP 地址。

【任务实施】

1. 设计主界面

创建一个【Android Application Project】，将该项目命名为“spinnerdemo”。编写界面 xml 代码，在项目“spinnerdemo”中双击打开主界面程序“activity_main.xml”，在代码编辑窗口输入对应程序代码，完成界面代码的编写。

```
<LinearLayout xmlns:android="http://schemas.android.com/apk/res/android"
    xmlns:tools="http://schemas.android.com/tools"
    android:orientation="vertical"
    android:layout_width="fill_parent"
    android:layout_height="fill_parent" >
    <ListView android:id="@+id/listview"
        android:layout_width="fill_parent"
        android:layout_height="wrap_content" />
</LinearLayout>
```

2. 设计列表项界面

在【layout】文件夹中创建一个【Android XML Layout File】文件，命名为“listviewitems.xml”。打开该文件，在代码编辑窗口输入对应程序代码，完成列表项界面代码的编写。

```
<?xml version="1.0" encoding="utf-8"?>
<LinearLayout xmlns:android="http://schemas.android.com/apk/res/android"
    android:layout_width="fill_parent"
    android:layout_height="fill_parent"
    android:orientation="horizontal" >
    <TextView android:id="@+id/textviewname"
        android:layout_width="130dip"
        android:layout_height="30dip"
        android:text="name" />
    <TextView android:id="@+id/textviewip"
        android:layout_width="fill_parent"
        android:layout_height="fill_parent"
        android:text="ip"
        android:gravity="right" />
</LinearLayout>
```

3. 实现功能

双击打开 src 目录中的“MainActivity.java”程序，在代码编辑窗口输入对应程序代码，完成功能代码的编写。

```
import java.util.ArrayList;
import java.util.HashMap;
import android.os.Bundle;
import android.app.Activity;
import android.view.Menu;
import android.widget.ListView;
import android.widget.SimpleAdapter;
public class MainActivity extends Activity {
    @Override
    public void onCreate(Bundle savedInstanceState) {
        super.onCreate(savedInstanceState);
        setContentView(R.layout.activity_main);
        ListView listview = (ListView) findViewById(R.id.listview);
        ArrayList<HashMap<String, String>> items =
              new ArrayList<HashMap<String,String>>();
        HashMap<String, String> map1 = new HashMap<String, String>();
        HashMap<String, String> map2 = new HashMap<String, String>();
        HashMap<String, String> map3 = new HashMap<String, String>();
        HashMap<String, String> map4 = new HashMap<String, String>();
        HashMap<String, String> map5 = new HashMap<String, String>();
        HashMap<String, String> map6 = new HashMap<String, String>();
        HashMap<String, String> map7 = new HashMap<String, String>();
        map1.put("name", "张三");
        map1.put("ip", "192.168.110.103");
        items.add(map1);
```

```
        map2.put("name", "李四");
        map2.put("ip", "192.168.110.114");
        items.add(map2);
        map3.put("name", "王五");
        map3.put("ip", "192.168.120.115");
        items.add(map3);
        map4.put("name", "马六");
        map4.put("ip", "192.168.110.106");
        items.add(map4);
        map5.put("name", "钱七");
        map5.put("ip", "192.168.120.127");
        items.add(map5);
        map6.put("name", "赵八");
        map6.put("ip", "192.168.110.108");
        items.add(map6);
        map7.put("name", "朱九");
        map7.put("ip", "192.168.120.119");
        items.add(map7);
        String[] key = {"name","ip"};
        int[] id = {R.id.textviewname,R.id.textviewip};
        SimpleAdapter adapter = new SimpleAdapter(this,
            items, R.layout.listviewitems, key, id);
        listview.setAdapter(adapter);
    }
}
```

4. 运行调试

保存文件，浏览设计效果，如图 4-5 所示。运行该项目，测试程序的运行效果。

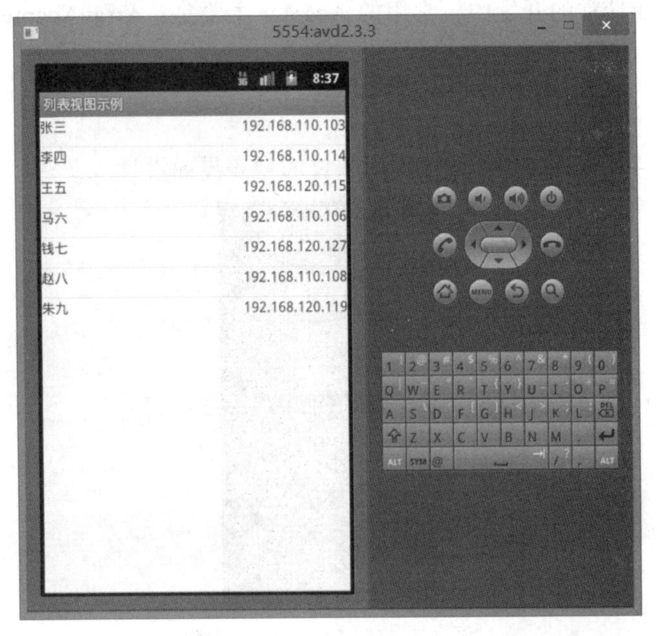

图 4-5　项目 Listviewdemo 运行效果

【技术知识】

知识点 1：认识 ListView

在 Android 开发中，ListView 是比较常用的组件，它以列表的形式展示具体内容，并且能够根据数据的长度自适应显示。

列表显示需要三个元素：

（1）ListView：用来展示列表项。

（2）适配器：用来把数据映射到 ListView 上的中介。

（3）数据：具体的将被映射的字符串、图片或其他基本组件。

知识点 2：Android 开发中的适配器 Adapter

适配器 Adapter 是连接后端数据和前端显示的适配器接口，是数据和 UI（View）之间一个重要的纽带。实际上，适配器是 UI 组件和数据源之间的桥梁，负责填充数据到 UI 组件。在 Android 开发中，一些常见的视图控件（如 ListView、GridView 等）都需要用到适配器，用来提供数据。适配器一般有以下几种类型：

（1）BaseAdapter：是一个抽象类，继承它需要实现较多的方法，具有较高的灵活性。

（2）ArrayAdapter：是 Android 中最简单的一种适配器，专门用于列表控件。只显示一行数据。

（3）SimpleAdapter：此适配器有最好的扩充性，可以自定义出各种效果。经常使用静态数据填充列表。

（4）CursorAdapter：通过游标向列表提供数据。

（5）ResourceCursorAdapter：此适配器扩展了 CursorAdapter，知道如何从资源创建视图。

（6）SimpleCursorAdapter：此适配器扩展了 ResourceCursorAdapter，从游标中得列创建 TextView/ImageView 视图。

一般在 Android 日常的开发中，常用的 Adapter 主要是：ArrayAdapter、SimpleAdapter、BaseAdapter 三种。

【实战训练】

编程实现如图 4-6 所示的 Android 应用软件的列表界面设计。

图 4-6　ListView 实战训练

任务 4-3　网格视图 GridView 应用

【任务目标】

设计与制作一个 Android 九宫格界面。

【任务描述】

Android 应用程序的九宫格界面设计效果如图 4-7 所示。

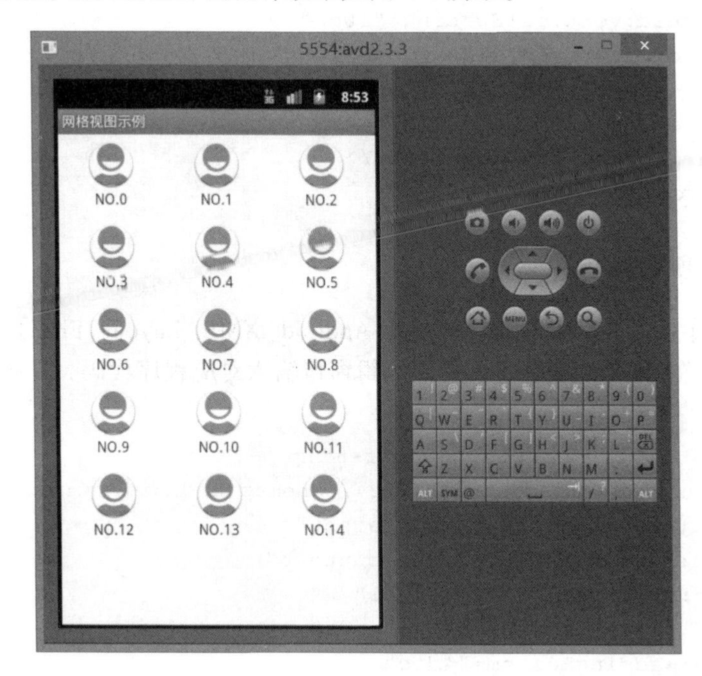

图 4-7　GridView 任务

【任务分析】

在 Android 开发中，九宫格界面设计采用网格视图 GridView 控件实现。界面设计可以采用线性布局设计，并在布局中设置一个 GridView 控件。同时还要对每个网格进行界面设计。这里对网格的设计采用了 1 个 ImageView 和 1 个 TextView。功能设计上使用 Java 程序实现了对网格选项点击的事件处理。

【任务实施】

1. 设计主界面

创建一个【Android Application Project】，将该项目命名为“gridviewdemo”。编写界面 xml 代码，在项目“gridviewdemo”中双击打开主界面程序“activity_main.xml”，在代码编辑窗

口输入对应程序代码，完成界面代码的编写。

```
<LinearLayout xmlns:android="http://schemas.android.com/apk/res/android"
    xmlns:tools="http://schemas.android.com/tools"
    android:layout_width="fill_parent"
    android:layout_height="fill_parent"
    android:orientation="vertical" >
    <GridView android:id="@+id/gridview"
        android:layout_width="fill_parent"
        android:layout_height="fill_parent"
        android:numColumns="auto_fit"
        android:verticalSpacing="10dp"
        android:horizontalSpacing="10dp"
        android:columnWidth="90dp"
        android:stretchMode="columnWidth"
        android:gravity="center" />
</LinearLayout>
```

2. 设计列表项界面

在【layout】文件夹中创建一个【Android XML Layout File】文件，命名为“gridviewitem.xml”。打开该文件，在代码编辑窗口输入对应程序代码，完成列表项界面代码的编写。

```
<?xml version="1.0" encoding="utf-8"?>
<LinearLayout xmlns:android="http://schemas.android.com/apk/res/android"
    android:layout_width="fill_parent"
    android:layout_height="wrap_content"
    android:orientation="vertical"
    android:gravity="center"
    android:paddingBottom="4dip" >
    <ImageView android:id="@+id/imageview"
        android:layout_width="wrap_content"
        android:layout_height="wrap_content" />
    <TextView android:id="@+id/textview"
        android:layout_width="wrap_content"
        android:layout_height="wrap_content" />
</LinearLayout>
```

3. 实现功能

双击打开 src 目录中的“MainActivity.java”程序，在代码编辑窗口输入对应程序代码，完成功能代码的编写。

```
import java.util.ArrayList;
import java.util.HashMap;
import android.os.Bundle;
import android.app.Activity;
```

```
import android.view.Menu;
import android.view.View;
import android.widget.AdapterView;
import android.widget.AdapterView.OnItemClickListener;
import android.widget.GridView;
import android.widget.SimpleAdapter;
public class MainActivity extends Activity {
    @Override
    public void onCreate(Bundle savedInstanceState) {
        super.onCreate(savedInstanceState);
        setContentView(R.layout.activity_main);
        GridView gridview = (GridView) findViewById(R.id.gridview);
        ArrayList<HashMap<String, Object>> gridviewitem =
            new ArrayList<HashMap<String,Object>>();
        for(int i=0;i<15;i++){
            HashMap<String, Object> map = new HashMap<String, Object>();
            map.put("imageview", R.drawable.ic_launcher);
            map.put("textview", "NO."+String.valueOf(i));
            gridviewitem.add(map);
        }
        SimpleAdapter adapter = new SimpleAdapter(
                this,
                gridviewitem, R.layout.gridviewitem,
                new String[] {"imageview","textview"},
                new int[] {R.id.imageview,R.id.textview});
        gridview.setAdapter(adapter);
        gridview.setOnItemClickListener(new OnItemClickListener() {
            @Override
            public void onItemClick(AdapterView<?> parent, View view, int position,
                    long id) {
                HashMap<String, Object> item =
                    (HashMap<String, Object>) parent.getItemAtPosition(position);
                setTitle((String)item.get("textview"));

            }
        });
    }
}
```

4. 运行调试

保存文件，浏览设计效果，如图 4-8 所示。运行该项目，测试程序的运行效果。

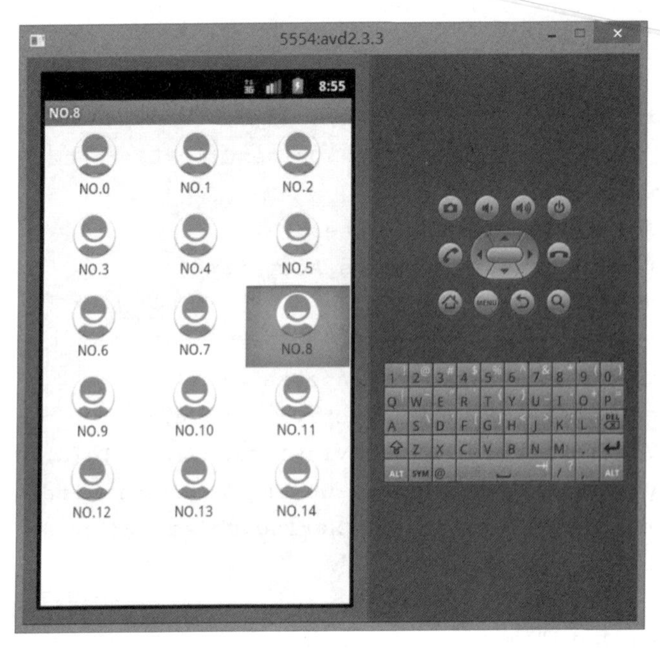

图 4-8 项目 Gridviewdemo 运行效果

【技术知识】

知识点 1：认识 GridView

GridView（网格视图）是按照行列的方式来显示内容的，一般用于显示图片等内容。如实现九宫格图，采用 GridView 是首选。

GridView 常用 xml 属性见表 4-1。

表 4-1 GridView 常用 xml 属性

属性名称	描 述
android:columnWidth	设置列的宽度
android:gravity	设置此组件中的内容在组件中的位置。可选的值有：top、bottom、left、right、center_vertical、fill_vertical、center_horizontal、fill_horizontal、center、fill、clip_vertical 可以多选，用“|”分开
android:numColumns	设置列数
android:stretchMode	设置缩放模式
android:horizontalSpacing	设置两列之间的间距
android:verticalSpacing	设置两行之间的间距

知识点 2：GridView 的使用

1. 整体网格设计

整体网格设计比较简单，只需要在主界面中放置 GridView 标签即可。

2. 网格中的 item 布局设计

较为简单的 item 布局设计通常是设计一个 ImageView 和一个 TextView，一般采用线性布局。示例代码如下：

```
<?xml version="1.0" encoding="utf-8"?>
<LinearLayout xmlns:android="http://schemas.android.com/apk/res/android"
    android:layout_width="wrap_content"
    android:layout_height="wrap_content"
    android:orientation="vertical"
    android:gravity="center"
    android:padding="10dp"
    >
    <ImageView android:id="@+id/imageview"
        android:src="@drawable/ic_launcher"
        android:layout_width="60dp"
        android:layout_height="60dp"
        />
    <TextView android:id="@+id/textview"
        android:layout_marginTop="5dp"
        android:layout_width="wrap_content"
        android:layout_height="wrap_content"
        android:textColor="@android:color/black"
        android:text="文字"
        />
</LinearLayout>
```

3. 准备数据源

一般使用一个整型数组和一个字符串数组分别存放图片和文字信息，并将这两个数据放置到一个 List 对象中。示例代码如下：

```
int[] icon = {R.drawable.ic_launcher,R.drawable.ic_launcher,R.drawable.ic_launcher,
        R.drawable.ic_launcher,R.drawable.ic_launcher,R.drawable.ic_launcher,
        R.drawable.ic_launcher,R.drawable.ic_launcher,R.drawable.ic_launcher};
String[] iconName = {"1", "2", "3", "4", "5","6","7","8","9"};
List<Map<String, Object>> datalist;
```

4. 创建适配器

通常创建一个 SimpleAdapter 对象即可。示例代码如下：

```
simpleAdapter = new SimpleAdapter(this,
        datalist,
        R.layout.item_gridview,
        new String[]{"ItemImage", "ItemText"},
        new int[]{R.id.imageview, R.id.textview});
```

5. 加载适配器

示例代码如下：

```
gridview.setAdapter(simpleAdapter);
```

【实战训练】

编程实现如图 4-9 所示的 Android 应用程序的界面设计。

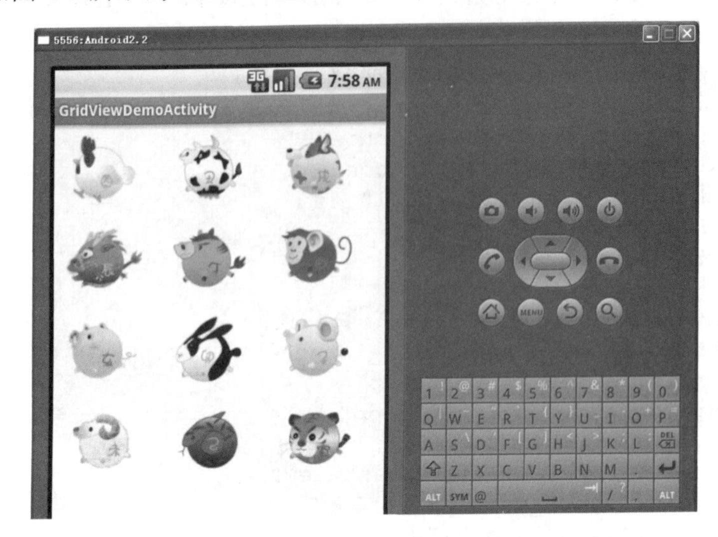

图 4-9　GridView 实战训练

任务 4-4　画廊视图 Gallery 应用

【任务目标】

制作一个 Android 图像浏览器。

【任务描述】

图像浏览器的界面和功能设计效果如图 4-10 所示。

图 4-10　Gallery 任务

【任务分析】

图像浏览器缩略图的显示采用 Gallery 控件实现，上面的大图显示则可以使用 ImageView 控件来显示图像。界面设计可以使用垂直线性布局设计，包括 1 个 ImageView 和 1 个 Gallery。

【任务实施】

1. 设计主界面

创建一个【Android Application Project】，将该项目命名为“gallerydemo”。编写界面 xml 代码，在项目“gallerydemo”中双击打开主界面程序“activity_main.xml”，在代码编辑窗口输入对应程序代码，完成界面代码的编写。

```
<LinearLayout xmlns:android="http://schemas.android.com/apk/res/android"
    xmlns:tools="http://schemas.android.com/tools"
    android:orientation="vertical"
    android:layout_width="fill_parent"
    android:layout_height="fill_parent" >
    <ImageView android:id="@+id/imageview"
        android:layout_width="512px"
        android:layout_height="512px"
        android:layout_gravity="center_vertical" />
    <Gallery android:id="@+id/gallery"
        android:layout_width="fill_parent"
        android:layout_height="wrap_content"
        android:gravity="bottom"
        android:spacing="6px"/>
</LinearLayout>
```

2. 编写 ImageAdapter 类

创建一个 Java 类，命名为“ImageAdapter.java”。程序代码如下：

```
import android.content.Context;
import android.view.View;
import android.view.ViewGroup;
import android.widget.BaseAdapter;
import android.widget.Gallery;
import android.widget.ImageView;
public class ImageAdapter extends BaseAdapter {
    Context context;
    int[] imageid;
    public ImageAdapter(Context context,int[] imageid){
        this.context = context;
        this.imageid = imageid;
    }
    @Override
```

```
    public int getCount() {
        return imageid.length;
    }
    @Override
    public Object getItem(int which) {
        return which;
    }
    @Override
    public long getItemId(int position) {
        return position;
    }
    @Override
    public View getView(int position, View view, ViewGroup parent) {
        ImageView imageview = new ImageView(context);
        imageview.setImageResource(imageid[position]);
        imageview.setAdjustViewBounds(true);
        imageview.setLayoutParams(new Gallery.LayoutParams(128,128));
        return imageview;
    }
}
```

3. 实现功能

双击打开 src 目录中的“MainActivity.java”程序，在代码编辑窗口输入对应程序代码，完成功能代码的编写。

```
import android.os.Bundle;
import android.app.Activity;
import android.view.Menu;
import android.view.View;
import android.widget.AdapterView;
import android.widget.AdapterView.OnItemClickListener;
import android.widget.Gallery;
import android.widget.ImageView;
public class MainActivity extends Activity {
int[] imageid = {
        R.drawable.maomaoguai_01,
        R.drawable.maomaoguai_02,
        R.drawable.maomaoguai_03,
        R.drawable.maomaoguai_04};
    @Override
    public void onCreate(Bundle savedInstanceState) {
        super.onCreate(savedInstanceState);
        setContentView(R.layout.activity_main);
        final ImageView imageview = (ImageView) findViewById(R.id.imageview);
        imageview.setImageResource(imageid[1]);
        Gallery gallery = (Gallery) findViewById(R.id.gallery);
```

```
        gallery.setAdapter(new ImageAdapter(this, imageid));
        gallery.setOnItemClickListener(new OnItemClickListener() {
            @Override
            public void onItemClick(AdapterView<?> arg0, View view,
                    int which, long arg3) {
                imageview.setImageResource(imageid[which]);
            }
        });
    }
}
```

4. 运行调试

保存文件，浏览设计效果，如图 4-11 所示。运行该项目，测试程序的运行效果。

图 4-11　项目 gallerydemo 运行效果

【技术知识】

知识点 1：认识 Gallery

智能手机大多都有可以滑动操作的图片集，在 Android 开发中可以用 Gallery 实现这种图片滑动效果的。Gallery（画廊）是一个锁定中心条目并且拥有水平滚动列表的视图，一般用来浏览图片，并且可以响应事件显示信息。

Gallery 常用 xml 属性见表 4-2。

表 4-2　Gallery 常用 xml 属性

属性名称	描　述
android:animationDuration	设置布局变化时转换动画所需的时间（毫秒级）。仅在动画开始时计时。该值必须是整数，比如：100
android:gravity	指定在对象的 X 和 Y 轴上如何放置内容。可以指定常量中的一个或多个（使用“|”分割），如： top：紧靠容器顶端，不改变其大小； bottom：紧靠容器底部，不改变其大小； left：紧靠容器左侧，不改变其大小； right：紧靠容器右侧，不改变其大小
android:spacing	设置图片之间的间距
android:unselectedAlpha	设置未选中的条目的透明度（Alpha）。该值必须是 float 类型，比如：“1.2”

知识点 2：Gallery 中 OnItemClickListener 监听器的使用

在 Gallery 中，可以设置 OnItemClickListener 监听器来实现点击事件的处理。示例代码如下：

```
gallery.setOnItemClickListener(new OnItemClickListener() {
    @Override
    public void onItemClick(AdapterView<?>parent, View v, int position, long id) {
        Toast.makeText(MainActivity.this, "点击了第"+(position+1)+
            "张图片", Toast.LENGTH_LONG).show();
    }
});
```

【实战训练】

编程实现如图 4-12 所示的 Android 诗词浏览器软件的界面设计与功能实现。

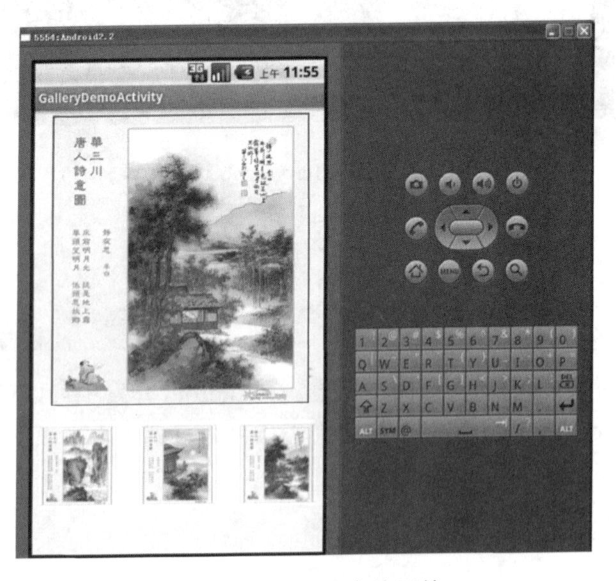

图 4-12　Gallery 实战训练

任务 4-5　图像切换器 ImageSwitcher 应用

【任务目标】

制作一个 Android 图像切换器软件。

【任务描述】

图像切换器的界面和功能设计效果如图 4-13 所示。

图 4-13　ImageSwitcher 任务

【任务分析】

在界面设计上，使用 LinearLayout 对整个界面进行垂直布局。在界面的中间设置一个 ImageSwitcher 控件，用来显示多张图片。在 ImageSwitcher 控件的上面使用 LinearLayout 水平布局设置两个 Button 按钮，在点击这些按钮时分别用于实现显示上一张图片、显示下一张图片的效果。

【任务实施】

1. 设计主界面

创建一个【Android Application Project】，将该项目命名为“imageswitcherdemo”。编写界面 xml 代码，在项目“imageswitcherdemo”中双击打开主界面程序“activity_main.xml”，在代码编辑窗口输入对应程序代码，完成界面代码的编写。

```
<LinearLayout xmlns:android="http://schemas.android.com/apk/res/android"
    xmlns:tools="http://schemas.android.com/tools"
```

```
    android:orientation="vertical"
    android:gravity="center"
    android:layout_width="fill_parent"
    android:layout_height="fill_parent" >
    <LinearLayout android:orientation="horizontal"
        android:layout_width="wrap_content"
        android:layout_height="wrap_content" >
        <Button android:id="@+id/button_prev"
            android:layout_width="wrap_content"
            android:layout_height="wrap_content"
            android:text="上一张"/>
        <Button android:id="@+id/button_next"
            android:layout_width="wrap_content"
            android:layout_height="wrap_content"
            android:text="下一张"/>
    </LinearLayout>
    <ImageSwitcher android:id="@+id/imageswitcher"
        android:layout_width="wrap_content"
        android:layout_height="wrap_content" />
</LinearLayout>
```

2. 编写 ImageSwitcherViewFactory 类

创建一个 Java 类，命名为“ImageSwitcherViewFactory.java”。程序代码如下：

```
import android.content.Context;
import android.view.View;
import android.view.ViewGroup.LayoutParams;
import android.widget.ImageSwitcher;
import android.widget.ImageView;
import android.widget.ViewSwitcher.ViewFactory;
public class ImageSwitcherViewFactory implements ViewFactory {
    Context context;
    public ImageSwitcherViewFactory(Context context){
        this.context = context;
    }
    @Override
    public View makeView() {
        ImageView imageview = new ImageView(context);
        imageview.setBackgroundColor(0xFFFFFF);
        imageview.setScaleType(ImageView.ScaleType.FIT_CENTER);
        imageview.setLayoutParams(new ImageSwitcher.LayoutParams(
                LayoutParams.FILL_PARENT,LayoutParams.FILL_PARENT));
        return imageview;
    }
}
```

3. 实现功能

双击打开 src 目录中的“MainActivity.java”程序，在代码编辑窗口输入对应程序代码，完成功能代码的编写。

```
import android.os.Bundle;
import android.app.Activity;
import android.view.Menu;
import android.view.View;
import android.view.View.OnClickListener;
import android.widget.Button;
import android.widget.ImageSwitcher;
public class MainActivity extends Activity {
    int[] imageid = {
            R.drawable.chicken01,
            R.drawable.chicken02,
            R.drawable.chicken03,
            R.drawable.chicken04,
            R.drawable.chicken05,
            R.drawable.chicken06,
            R.drawable.chicken07};
    int index = 0;
    @Override
    public void onCreate(Bundle savedInstanceState) {
        super.onCreate(savedInstanceState);
        setContentView(R.layout.activity_main);
        Button button_prev = (Button) findViewById(R.id.button_prev);
        Button button_next = (Button) findViewById(R.id.button_next);
        final ImageSwitcher imageswitcher = (ImageSwitcher)
                findViewById(R. id.imageswitcher);
        imageswitcher.setFactory(new ImageSwitcherViewFactory(this));
        imageswitcher.setImageResource(imageid[0]);
        button_prev.setOnClickListener(new OnClickListener() {
            @Override
            public void onClick(View v) {
                 index--;
                 if(index<0){index=imageid.length-1;}
                 imageswitcher.setImageResource(imageid[index]);
            }
        });
        button_next.setOnClickListener(new OnClickListener() {
            @Override
            public void onClick(View v) {
                index++;
                if(index>imageid.length-1){index=0;}
                imageswitcher.setImageResource(imageid[index]);
            }
        });
    }
}
```

4. 运行调试

保存文件，浏览设计效果，如图 4-14 所示。运行该项目，测试程序的运行效果。

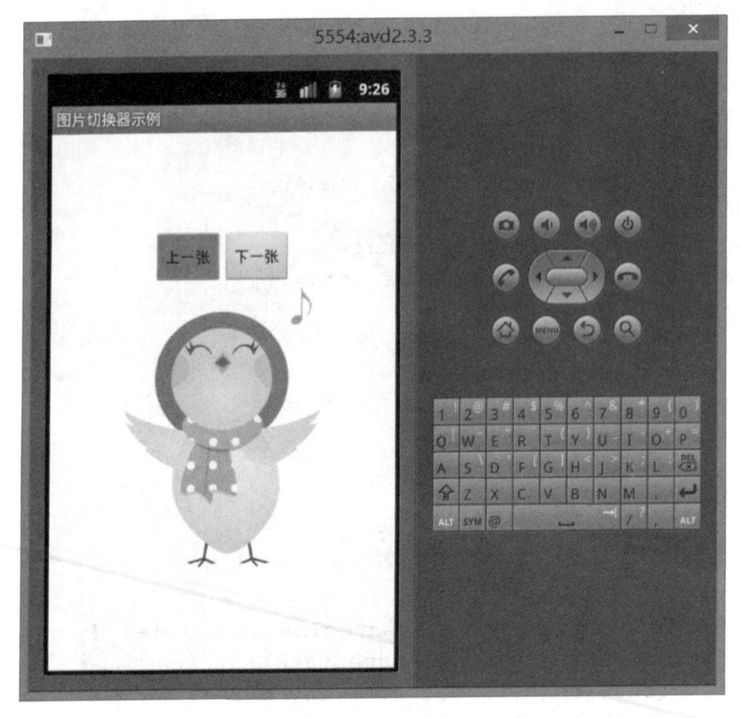

图 4-14　项目 Imageswitcherdemo 运行效果

【技术知识】

知识点 1：认识 ImageSwitcher

ImageSwitcher 是 Android 中控制图片展示效果的一个控件，如幻灯片效果。事实上，ImageSwitcher 是一个图片切换器，它间接继承自 FrameLayout 类，和 ImageView 相比，多了一个功能，那就是它在进行图片切换时，可以设置动画效果，类似于淡进淡出效果，以及左进右出滑动等效果。

对于 ImageSwitcher，Android API 提供了三种不同方法来设定不同的图像来源，方法有：

（1）setImageDrawable(Drawable)：指定一个 Drawable 对象，用来给 ImageSwitcher 显示。

（2）setImageResource(int)：指定一个资源的 ID，用来给 ImageSwitcher 显示。

（3）setImageURL(URL)：指定一个 URL 地址，用来给 ImageSwitcher 显示 URL 指向的图片资源。

知识点 2：设置 ViewFactory 接口

在使用 ImageSwitcher 的时候，有一点特别需要注意，它需要通过 setFactory()方法为它设置一个 ViewFactory 接口，设置 ViewFactory 接口时需要实现 makeView()方法，该方法通常会返回一个 ImageView，而 ImageSwitcher 则负责显示这个 ImageView。

一般做法是，在使用 ImageSwitcher 的该类中实现 ViewFactory 接口并覆盖对应的 makeView 方法。即要将图片显示在 ImageSwitcher 控件中，第一步是为 ImageSwitcher 类设置一个 ViewFactory，用来将显示的图片和父窗口区分开来；第二步是实现 ViewSwitcher.ViewFactory 接口中的 makeView()抽象方法，通过该方法可以返回一个 ImageView 对象，所有图片都将通过该 ImageView 对象来进行显示；第三步是通过 imageswitcher.setFactory()方法加载 ViewFactory 对象。

【实战训练】

编程实现如图 4-15 所示的 Android 汽车浏览器软件的设计与功能实现。

图 4-15　ImageSwitcher 实战训练

任务 4-6　电子相册制作

【任务目标】

制作一个 Android 电子相册。

【任务描述】

Android 电子相册的界面和功能设计效果如图 4-16 所示。

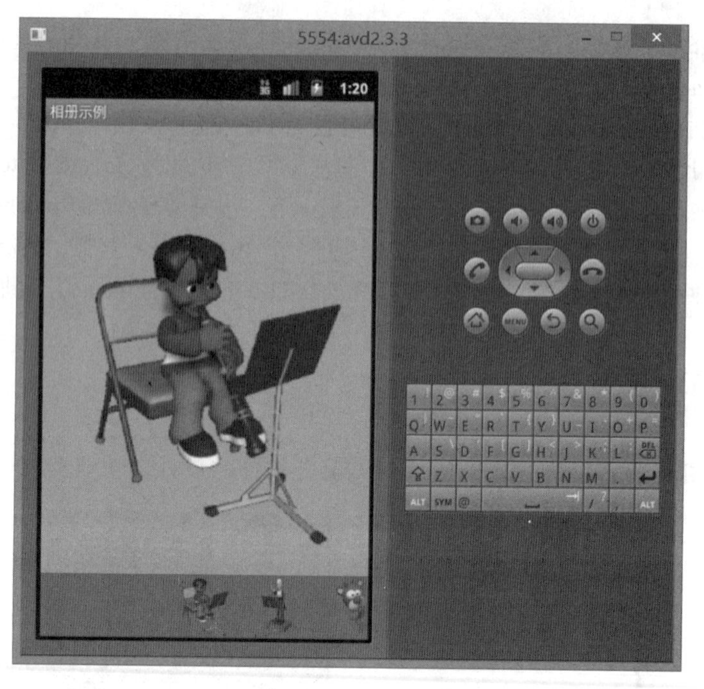

图 4-16　电子相册任务

【任务分析】

在 Android 系统的相册中，常将 Gallery 和 ImageSwitcher 一起结合使用，其中 Gallery 用于实现小图的滑动效果，ImageSwitcher 用于实现图片。本任务界面效果和任务 4-4 的图像浏览器的界面效果虽相似，但使用的具体控件是有区别的。本任务中的电子相册显示大图采用了 ImageSwitcher 控件，界面设计采用了相对布局设计，布局中设置 1 个 ImageSwitcher 和 1 个 Gallery。ImageSwitcher 实现了大图的显示和切换，Gallery 实现了小图的显示和滑动选择。

【任务实施】

1. 设计主界面

创建一个【Android Application Project】，将该项目命名为“spinnerdemo”。编写界面 xml 代码，在项目“spinnerdemo”中双击打开主界面程序“activity_main.xml”，在代码编辑窗口输入对应程序代码，完成界面代码的编写。

```
<RelativeLayout xmlns:android="http://schemas.android.com/apk/res/android"
    xmlns:tools="http://schemas.android.com/tools"
    android:layout_width="fill_parent"
    android:layout_height="fill_parent" >
    <ImageSwitcher android:id="@+id/imageswitcher"
        android:layout_width="fill_parent"
        android:layout_height="fill_parent"
```

```
        android:layout_alignParentTop="true"
        android:layout_alignParentLeft="true" />
    <Gallery android:id="@+id/gallery"
        android:layout_width="fill_parent"
        android:layout_height="60dp"
        android:layout_alignParentBottom="true"
        android:layout_alignParentLeft="true"
        android:gravity="center_vertical"
        android:background="#55000000"
        android:spacing="16dp" />
</RelativeLayout>
```

2. 编写 ImageAdapter 类

创建一个 Java 类，命名为“ImageAdapter.java”。程序代码如下：

```
import android.content.Context;
import android.view.View;
import android.view.ViewGroup;
import android.widget.BaseAdapter;
import android.widget.Gallery;
import android.widget.Gallery.LayoutParams;
import android.widget.ImageView;
public class ImageAdapter extends BaseAdapter {
    Context context;
    int[] imageid;
    public ImageAdapter(Context context,int[] imageid){
        this.context = context;
        this.imageid = imageid;
    }
    @Override
    public int getCount() { //获取图片数量
        return imageid.length;
    }
    @Override
    public Object getItem(int which) { //获取图片项
        return which;
    }
    @Override
    public long getItemId(int position) { //获取图片位置
        return position;
    }
    @Override
    public View getView(int position, View view, ViewGroup parent) {
        ImageView imageview = new ImageView(context);
        imageview.setImageResource(imageid[position]);
        imageview.setAdjustViewBounds(true);
```

```
        imageview.setLayoutParams(new Gallery.LayoutParams(
                LayoutParams.WRAP_CONTENT, LayoutParams.WRAP_CONTENT));
        return imageview;
    }
}
```

3. 实现功能

双击打开 src 目录中的“MainActivity.java”程序，在代码编辑窗口输入对应程序代码，完成功能代码的编写。

```
package com.example.albumdemo;
import android.os.Bundle;
import android.app.Activity;
import android.view.Menu;
import android.view.View;
import android.view.ViewGroup.LayoutParams;
import android.widget.AdapterView;
import android.widget.AdapterView.OnItemSelectedListener;
import android.widget.Gallery;
import android.widget.ImageSwitcher;
import android.widget.ImageView;
import android.widget.ViewSwitcher.ViewFactory;
public class MainActivity extends Activity implements OnItemSelectedListener,
ViewFactory{
    ImageSwitcher imageswitcher;
    Gallery gallery;
    int[] imageid = {
          R.drawable.pic1,
          R.drawable.pic2,
          R.drawable.pic3,
          R.drawable.pic4,
          R.drawable.pic5,
          R.drawable.pic6,
          R.drawable.pic7,
          R.drawable.pic8
    };
    @Override
    public void onCreate(Bundle savedInstanceState) {
        super.onCreate(savedInstanceState);
        setContentView(R.layout.activity_main);
        imageswitcher = (ImageSwitcher) findViewById(R.id.imageswitcher);
        imageswitcher.setFactory(this);
        imageswitcher.setInAnimation(this,android.R.anim.fade_in);
        imageswitcher.setOutAnimation(this, android.R.anim.fade_out);
        gallery = (Gallery) findViewById(R.id.gallery);
        gallery.setAdapter(new ImageAdapter(this, imageid));
```

```
        gallery.setOnItemSelectedListener(this);
    }
    @Override
    public boolean onCreateOptionsMenu(Menu menu) {
        getMenuInflater().inflate(R.menu.activity_main, menu);
        return true;
    }
    @Override
    public View makeView() {
        ImageView imageview = new ImageView(this);
        imageview.setBackgroundColor(0x55000000);
        imageview.setScaleType(ImageView.ScaleType.FIT_CENTER);
        imageview.setLayoutParams(new ImageSwitcher.LayoutParams(
                LayoutParams.FILL_PARENT,LayoutParams.FILL_PARENT));
        return imageview;
    }
    @Override
    public void onItemSelected(AdapterView<?> parent, View view, int which,
            long id) {
        imageswitcher.setImageResource(imageid[which]);
    }
    @Override
    public void onNothingSelected(AdapterView<?> arg0) {
    }
}
```

4. 运行调试

保存文件，浏览设计效果，如图 4-17 所示。运行该项目，测试程序的运行效果。

图 4-17　项目 Albumdemo 运行效果

【技术知识】

知识点 1：BaseAdapter

BaseAdapter 就 Android 应用程序中经常用到的基础数据适配器，它的主要用途是将一组数据传输到像 Spinner、ListView、GridView 及 Gallery 等 UI 显示组件，它继承自接口类 Adapter，实现了 ListAdapter 和 SpinnerAdapter 两个接口，可以直接给 Spinner、ListView、GridView、Gallery 等 UI 组件直接提供数据。其原理就是把数据源绑定到指定的 View 上，然后再返回该 View，而返回来的这个 View 就是 Spinner、ListView、GridView、Gallery 等控件中的某一项 item。这里返回来的 View 正是由 Adapter 中的 getView 方法返回的，由此就可以理解数据是如何一条一条显示在 Spinner、ListView、GridView、Gallery 等控件中的。

前面所说的 ArrayAdapter 和 SimpleAdapter 都是在 BaseAdapter 基础上封装好的功能类，但是只能在特定情况下使用，不够灵活。一般可以动手写一个自己的 Adapter，继承 BaseAdapter 类，并实现 getCount()、getItem(int index)、getItemId(int index)、getView(int index, View view, ViewGroup viewgroup)四个抽象方法。

知识点 2：动画效果设定

ImageSwitcher 设置图片切换时，可以设置切换图片的动画效果。它定义有两个属性，用来确定切入图片的动画效果和切出图片的动画效果，这两个属性是：

（1）android:inAnimation：切入图片时的效果；

（2）android:outAnimation：切出图片时的效果。

以上两个属性如果在 xml 中设定的话，当然可以通过 xml 资源文件自定义动画效果，但是如果只是想使用 Android 自带的一些简单的效果的话，需要设置参数为“@android:anim/AnimName”来设定效果，其中 AnimName 为指定的动画效果。如果在代码中设定的话，可以直接使用 setInAnimation()和 setOutAnimation()方法。其中常用参数说明如下：

fade_in：淡进。

fade_out：淡出。

slide_in_left：从左滑进。

slide_out_right：从右滑出。

【实战训练】

编程实现如图 4-18 所示的 Android 益智画册软件的设计和功能实现。

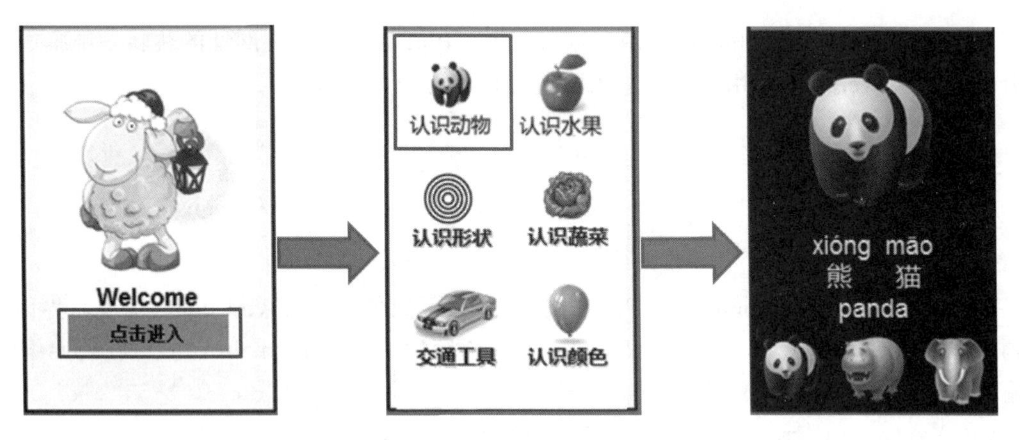

图 4-18　电子相册实战训练

任务 4-7　网页视图 WebView 应用

【任务目标】

制作一个 Android 网页浏览器。

【任务描述】

网页浏览器的界面设计和功能实现如图 4-19 所示。

图 4-19　WebView 任务

【任务分析】

网页浏览器界面设计采用垂直线性布局设计，界面上端设置 1 个 EditText 和 1 个 Button，采用水平排列方式。其中 EditText 用于输入网址，Button 用于实现网址的跳转。屏幕的其他部分设置 1 个 WebView，用于显示进入网址后显示的网页内容。

【任务实施】

1. 设计主界面

创建一个【Android Application Project】，将该项目命名为“webviewdemo”。编写界面 xml 代码，在项目“webviewdemo”中双击打开主界面程序“activity_main.xml”，在代码编辑窗口输入对应程序代码，完成界面代码的编写。

```
<LinearLayout xmlns:android="http://schemas.android.com/apk/res/android"
    xmlns:tools="http://schemas.android.com/tools"
    android:layout_width="fill_parent"
    android:layout_height="fill_parent"
    android:orientation="vertical"
    android:gravity="center" >
    <LinearLayout
        android:layout_width="match_parent"
        android:layout_height="wrap_content" >
        <EditText android:id="@+id/edittext"
            android:layout_width="wrap_content"
            android:layout_height="wrap_content"
            android:layout_weight="1"
            android:ems="12"
            android:text="http://www.ifeng.com/" />
        <Button android:id="@+id/button"
            android:layout_width="wrap_content"
            android:layout_height="wrap_content"
            android:layout_weight="1"
            android:text="GO" />
    </LinearLayout>
    <WebView android:id="@+id/webview"
        android:layout_width="match_parent"
        android:layout_height="match_parent" />
</LinearLayout>
```

2. 实现功能

双击打开 src 目录中的“MainActivity.java”程序，在代码编辑窗口输入对应程序代码，完成功能代码的编写。

```
import android.os.Bundle;
import android.app.Activity;
import android.view.Menu;
import android.view.View;
import android.view.View.OnClickListener;
```

```java
import android.webkit.WebView;
import android.widget.Button;
import android.widget.EditText;

public class MainActivity extends Activity {
    WebView webview;
    @Override
    public void onCreate(Bundle savedInstanceState) {
        super.onCreate(savedInstanceState);
        setContentView(R.layout.activity_main);
        final EditText edittext = (EditText) findViewById(R.id.edittext);
        Button button = (Button) findViewById(R.id.button);
        webview = (WebView) findViewById(R.id.webview);
        webview.getSettings().setJavaScriptEnabled(true);
        webview.loadUrl("http://www.ifeng.com/");
        webview.requestFocus();
        button.setOnClickListener(new OnClickListener() {
            @Override
            public void onClick(View v) {
                webview.loadUrl(edittext.getText().toString());
            }
        });
    }
}
```

3. 设置权限

双击打开项目“webviewdemo”中的“AndroidManifest.xml”程序，在代码编辑窗口输入对应程序代码，完成功能代码的编写。

```xml
<manifest xmlns:android="http://schemas.android.com/apk/res/android"
    package="com.example.webviewdemo"
    android:versionCode="1"
    android:versionName="1.0" >
    <uses-sdk
        android:minSdkVersion="8"
        android:targetSdkVersion="15" />
    <uses-permission android:name="android.permission.INTERNET"/>
    <application
        android:icon="@drawable/ic_launcher"
        android:label="@string/app_name"
        android:theme="@style/AppTheme" >
        <activity
            android:name=".MainActivity"
            android:label="@string/title_activity_main" >
            <intent-filter>
                <action android:name="android.intent.action.MAIN" />
```

```
            <category android:name="android.intent.category.LAUNCHER" />
        </intent-filter>
    </activity>
</application>
</manifest>
```

4. 运行调试

保存文件，浏览设计效果，如图 4-20 所示。运行该项目，测试程序的运行效果。

图 4-20　项目 Webviewdemo 运行效果

【技术知识】

知识点 1：认识 WebView

WebView（网络视图）能加载显示网页，可以将其视为一个浏览器。它使用了 WebKit 渲染引擎加载显示网页，实现 WebView 有以下两种不同的方法：

第一种方法的步骤：

（1）在要 Activity 中实例化 WebView 组件：WebView webView = new WebView(this)。

（2）调用 WebView 的 loadUrl()方法，设置 WevView 要显示的网页：

互联网用：webView.loadUrl("http://www.google.com");

本地文件用：webView.loadUrl("file:///android_asset/XX.html"); 本地文件存放在：assets 文件中。

（3）调用 Activity 的 setContentView( )方法来显示网页视图。

（4）用 WebView 点链接阅览了很多页以后为了让 WebView 支持回退功能，需要覆盖

Activity 类的 onKeyDown()方法，如果不做任何处理，点击系统回退键，整个浏览器会调用 finish()而结束自身，而不是回退到上一页面。

（5）需要在 AndroidManifest.xml 文件中添加权限，否则会出现 Web page not available 错误。

如：<uses-permission android:name="android.permission.INTERNET" />

第二种方法的步骤：

（1）在布局文件中声明 WebView。

（2）在 Activity 中实例化 WebView。

（3）调用 WebView 的 loadUrl( )方法，设置 WevView 要显示的网页。

（4）为了让 WebView 能够响应超链接功能，调用 setWebViewClient( )方法，设置 WebView 视图。

（5）用 WebView 点链接看了很多页以后为了让 WebView 支持回退功能，需要覆盖 Activity 类的 onKeyDown()方法，如果不做任何处理，点击系统回退剪键，整个浏览器会调用 finish()而结束自身，而不是回退到上一页面。

（6）需要在 AndroidManifest.xml 文件中添加权限，否则出现 Web page not available 错误。

如：<uses-permission android:name="android.permission.INTERNET"/>

知识点 2：android:ems

androidems="10"设置 EditText 的宽度为 10 个字符的宽度。当设置该属性后，控件显示的长度就为 10 个字符的长度，超出的部分将不显示。

【实战训练】

编程实现如图 4-21 所示的 Android 应用程序的设计和功能实现。

图 4-21　WebView 实战训练

任务 4-8　拖动条 SeekBar 应用

【任务目标】

设计与制作一个透明度演示软件。

【任务描述】

透明度演示软件的界面设计与功能实现如图 4-22 所示。

图 4-22　SeekBar 任务

【任务分析】

透明度演示软件的界面由 1 个 ImageView 和 1 个 SeekBar 构成，采用垂直线性布局设计。SeekBar 用于调整透明度的数值，ImageView 用于显示对应的透明度效果。

【任务实施】

1. 设计主界面

创建一个【Android Application Project】，将该项目命名为“seekbardemo”。编写界面 xml 代码，在项目“seekbardemo”中双击打开主界面程序“activity_main.xml”，在代码编辑窗口输入对应程序代码，完成界面代码的编写。

```
<LinearLayout xmlns:android="http://schemas.android.com/apk/res/android"
    xmlns:tools="http://schemas.android.com/tools"
    android:layout_width="fill_parent"
    android:layout_height="fill_parent"
    android:orientation="vertical"
```

```
    android:gravity="center" >
    <ImageView android:id="@+id/imageview"
        android:layout_width="fill_parent"
        android:layout_height="wrap_content"
        android:src="@drawable/maomaoguai_01" />
    <SeekBar android:id="@+id/seekbar"
        android:layout_width="fill_parent"
        android:layout_height="wrap_content"
        android:max="255"
        android:progress="255"
        android:thumb="@drawable/ic_launcher" />
</LinearLayout>
```

2. 实现功能

双击打开 src 目录中的“MainActivity.java”程序，在代码编辑窗口输入对应程序代码，完成功能代码的编写。

```
import android.os.Bundle;
import android.app.Activity;
import android.view.Menu;
import android.widget.ImageView;
import android.widget.SeekBar;
import android.widget.SeekBar.OnSeekBarChangeListener;
public class MainActivity extends Activity {
    @Override
    public void onCreate(Bundle savedInstanceState) {
        super.onCreate(savedInstanceState);
        setContentView(R.layout.activity_main);
        //获取主界面控件 id
        final ImageView imageview =
                (ImageView) findViewById(R.id.imageview);
        SeekBar seekbar = (SeekBar) findViewById(R.id.seekbar);
        //设置拖动条监听器
        seekbar.setOnSeekBarChangeListener(new OnSeekBarChangeListener() {
            @Override
            public void onStopTrackingTouch(SeekBar seekBar) {
            }
            @Override
            public void onStartTrackingTouch(SeekBar seekBar) {
            }
            @Override
            public void onProgressChanged(SeekBar seekBar, int progress,
                    boolean fromUser) {
                imageview.setAlpha(progress); // 设置图片透明度
            }
        });
    }
}
```

3. 运行调试

保存文件，浏览设计效果，如图 4-23 所示。运行该项目，测试程序的运行效果。

图 4-23　项目 Seekbardemo 运行效果

【技术知识】

知识点 1：认识 SeekBar

SeekBar 类似于 ProgressBar，ProgressBar 主要功能是让用户知道目前的状态，SeekBar 的功能是让用户调整进度。举个例子，在音乐播放器中可以通过设置 SeekBar 来调整音乐播放的进度。SeekBar 是 ProgressBar 的一种扩展。它和 ProgressBar 的区别在于 ProgressBar 上面没有滑块。SeekBar 拥有可以来来回回滑动的滑块。常用的 Android 视频播放器、音乐播放器等一般都设置有 SeekBar，快进、快退、到达指定位置等都是用这个实现的。其常用方法如下：

（1）setMax()：设置最大值。

（2）setProgress()：设置现在进度值。

（3）setOnSeekBarChangeListener()设置 OnSeekBarChangeListener 监听器。

知识点 2：OnSeekBarChangeListener 监听器

OnSeekBarChangeListener 是 SeekBar 常用的监听器。有三种方法可实现监听器的设置。

第一种方法：当拖动滑块时就会调用方法 onProgressChanged(SeekBar seekBar, int progress, boolean fromUser)。其中 fromUser 这个参数是来判断是否是手动滑动；int progress 这个参数用于表示变动到什么位置。

第二种方法：当开始拖动滑块时就会调用方法 onStartTrackingTouch(SeekBar seekBar)。

第三种方法：当结束拖动滑块时就会调用方法 onStopTrackingTouch(SeekBar seekBar)。

【实战训练】

编程实现如图 4-24 所示的 Android 应用程序的界面设计和功能实现。

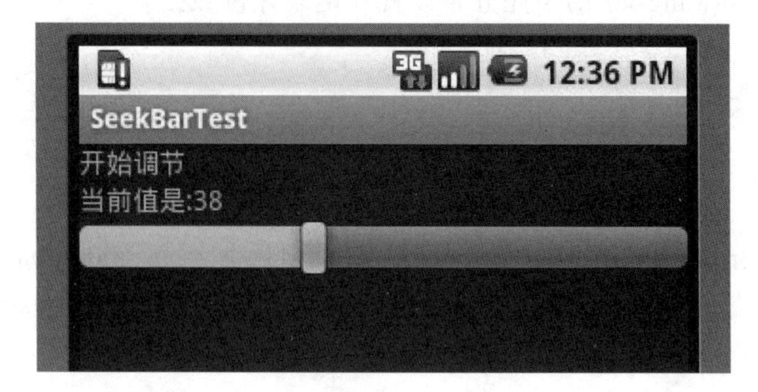

图 4-24　SeekBar 实战训练

任务 4-9　评分条 RatingBar 应用

【任务目标】

设计与制作一个 Android 明星评价程序。

【任务描述】

评价程序的界面设计效果如图 4-25 所示。

图 4-25　RatingBar 任务

【任务分析】

评价程序采用 RatingBar 控件实现对对象人物的评价。当评价较高时（达到五星评价），这时候人物图像显示最为清晰，当评价不高时（如只有一颗星时），人物图像呈现朦胧的效果。界面设计使用 1 个 ImageView 和 1 个 RatingBar，采用垂直线性布局设计。ImageView 用于显示卡通人物的图像，RatingBar 用于评分条设置和记录评价数据。

【任务实施】

1. 设计主界面

创建一个【Android Application Project】，将该项目命名为“ratingbardemo”。编写界面 xml 代码，在项目“ratingbardemo”中双击打开主界面程序“activity_main.xml”，在代码编辑窗口输入对应程序代码，完成界面代码的编写。

```
<LinearLayout xmlns:android="http://schemas.android.com/apk/res/android"
    xmlns:tools="http://schemas.android.com/tools"
    android:layout_width="fill_parent"
    android:layout_height="fill_parent"
    android:orientation="vertical"
    android:gravity="center" >
    <ImageView android:id="@+id/imageview"
       android:layout_width="fill_parent"
       android:layout_height="wrap_content"
       android:src="@drawable/maomaoguai_03" />
    <RatingBar android:id="@+id/ratingbar"
       android:layout_width="wrap_content"
       android:layout_height="wrap_content"
       android:numStars="5"
       android:max="255"
       android:progress="255"
       android:stepSize="0.5" />
</LinearLayout>
```

2. 实现功能

双击打开 src 目录中的“MainActivity.java”程序，在代码编辑窗口输入对应程序代码，完成功能代码的编写。

```
import android.os.Bundle;
import android.app.Activity;
import android.view.Menu;
import android.widget.ImageView;
import android.widget.RatingBar;
import android.widget.RatingBar.OnRatingBarChangeListener;
public class MainActivity extends Activity {
    @Override
    public void onCreate(Bundle savedInstanceState) {
       super.onCreate(savedInstanceState);
       setContentView(R.layout.activity_main);
```

```
        final ImageView imageview =
                (ImageView)findViewById(R.id.imageview);
        RatingBar ratingbar = (RatingBar) findViewById(R.id.ratingbar);
        ratingbar.setOnRatingBarChangeListener(
            new OnRatingBarChangeListener() {
            @Override
            public void onRatingChanged(RatingBar ratingBar, float rating,
                    boolean fromUser) {
                imageview.setAlpha((int)rating*255/5);

            }
        });
    }
}
```

3. 运行调试

保存文件，浏览设计效果，如图 4-26 所示。运行该项目，测试程序的运行效果。

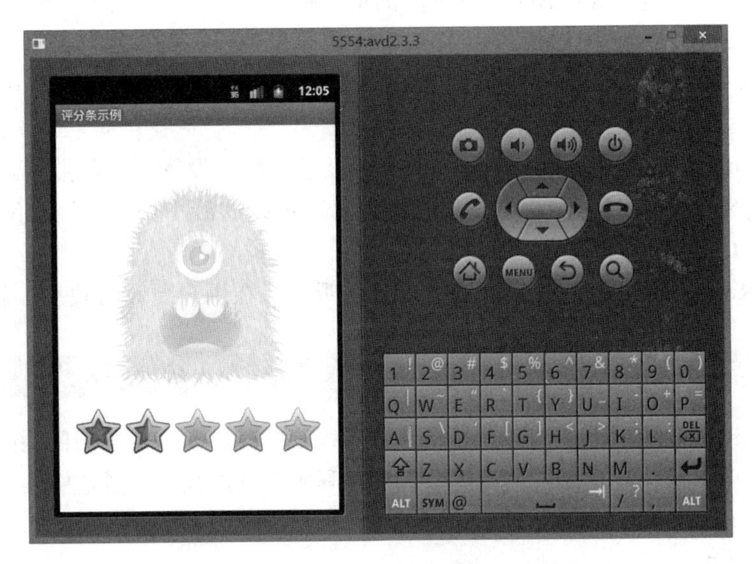

图 4-26　项目 Ratingbardemo 运行效果

【技术知识】

知识点 1：认识 RatingBar

RatingBar 为评分条控件，默认效果为若干个绿色的星星，如果想将其换成其他自定义图片就要自定义它的 style。RatingBar 是 SeekBar 和 ProgressBar 的一种扩展，用星星表示等级。当 RatingBar 使用默认的大小，用户可以点击/拉拽或使用方向键来设置等级。当 RatingBar 使用默认的大小。它有两种样式（小风格用 ratingBarStyleSmall，大风格用 ratingBarStyleIndicator），其中大的只适合指示，不适合于用户交互（用户无法改变）。当使用可以支持用户交互的 RatingBar 时，无论将控件(widgets)放在它的左边还是右边都是不合适的。只有当布局的宽被设置为“wrap content”时，设置的星星数量（通过函数 setNumStars(int)或者在 xml 的布局文件中定义）将显示出来（如果设置为另一种布局宽的话，后果无法预知）。进度一般不修改，因为它仅仅是被当作星星部分内部的填充背景。

RatingBar 常用 xml 属性见表 4-3。

表 4-3　RatingBar 常用 xml 属性

属性名称	描　述
android:isIndicator	RatingBar 是否是一个指示器（用户无法进行更改）
android:numStars	显示的星星数量，必须是一个整形值，如“100”
android:rating	默认的评分，必须是浮点类型，如“1.2”
android:stepSize	评分的步长，必须是浮点类型，如“1.2”

知识点 2：RatingBar 常用方法

（1）setMax()：设置 RatingBar 星级滑块的最大值。

（2）setNumStars()：设置 RatingBar 星级滑块的星星数量。值得注意的是，应该把控件的布局宽度设置为 wrap_content，如果设置为 fill_parent，显示的星星数量很有可能不是设置的星星数量。

（3）setRating()：设置 RatingBar 星级滑块的显示分数，设置星星的数量。

（4）setStepSize()：设置 RatingBar 星级滑块每次更改的最小长度（最小星星数量）。如：setStepSize((float)0.5)是半个星星。

（5）setOnRatingBarChangeListener()：设置监听器。在用户更改滑块后，触发监听器。

知识点 3：OnRatingBarChangeListener 监听器

OnRatingBarChangeListener 监听器是当评分等级改变时通知客户端的回调函数。它包括用户通过手势、方向键或轨迹球触发的改变，以及编程触发的改变。设置监听器的代码如下：

```
ratingbar.setOnRatingBarChangeListener(new OnRatingBarChangeListener() {
    @Override
    public void onRatingChanged(RatingBar ratingBar, float rating, boolean fromUser) {
    Toast.makeText(MainActivity.this,"" + rating*20, Toast.LENGTH_SHORT).show();
    }
});
```

【实战训练】

编程实现如图 4-27 所示的 Android 应用程序的设计和功能实现，要求在应用中可以拖动 SeekBar 或点击 RatingBar 来改变其他组件的值。

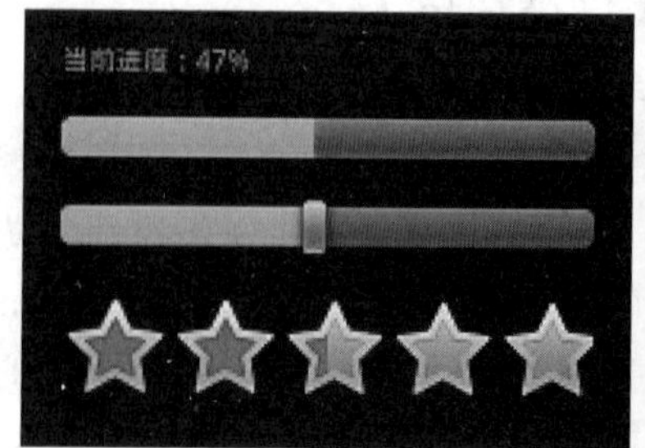

图 4-27　RatingBar 实战训练

项目小结

本项目介绍了 Android 系统中 Spinner、ListView、GridView、Gallery、ImageSwitch、WebView、SeekBar、RatingBar 等高级控件的应用，以及这些控件的编程开发技术。着重介绍了 Android 系统中 Spinner、ListView、电子相册的设计和编程方法。

项目重点：熟练掌握 Spinner、ListView、GridView、Gallery、ImageSwitch、WebView、SeekBar、RatingBar 等高级控件的设计和编程方法和技巧，熟练掌握电子相册的使用和编程方式。能够根据 Android 应用软件项目来设计和实现程序高级控件的设计与制作，以及相应功能的实现。

考核评价

在本项目教学和实施过程中，教师和学生可以根据考核评价表 4-4 对各项任务进行考核评价。考核主要针对学生在技术内容、技能情况、技能实战训练的掌握程度和完成效果进行评价。

表 4-4　考核评价表

<table>
<tr><td rowspan="3">评价内容</td><td colspan="10">评价标准</td></tr>
<tr><td colspan="2">技术内容</td><td colspan="2">技能情况</td><td colspan="2">技能训练</td><td colspan="2">完成效果</td><td colspan="2">总体评价</td></tr>
<tr><td>个人评价</td><td>教师评价</td><td>个人评价</td><td>教师评价</td><td>个人评价</td><td>教师评价</td><td>个人评价</td><td>教师评价</td><td>个人评价</td><td>教师评价</td></tr>
<tr><td>任务 4-1</td><td></td><td></td><td></td><td></td><td></td><td></td><td></td><td></td><td></td><td></td></tr>
<tr><td>任务 4-2</td><td></td><td></td><td></td><td></td><td></td><td></td><td></td><td></td><td></td><td></td></tr>
<tr><td>任务 4-3</td><td></td><td></td><td></td><td></td><td></td><td></td><td></td><td></td><td></td><td></td></tr>
<tr><td>任务 4-4</td><td></td><td></td><td></td><td></td><td></td><td></td><td></td><td></td><td></td><td></td></tr>
<tr><td>任务 4-5</td><td></td><td></td><td></td><td></td><td></td><td></td><td></td><td></td><td></td><td></td></tr>
<tr><td>任务 4-6</td><td></td><td></td><td></td><td></td><td></td><td></td><td></td><td></td><td></td><td></td></tr>
<tr><td>任务 4-7</td><td></td><td></td><td></td><td></td><td></td><td></td><td></td><td></td><td></td><td></td></tr>
<tr><td>任务 4-8</td><td></td><td></td><td></td><td></td><td></td><td></td><td></td><td></td><td></td><td></td></tr>
<tr><td>任务 4-9</td><td></td><td></td><td></td><td></td><td></td><td></td><td></td><td></td><td></td><td></td></tr>
<tr><td>存在问题与解决办法（应对策略）</td><td colspan="10"></td></tr>
<tr><td>学习心得与体会分享</td><td colspan="10"></td></tr>
</table>

项目 5 Android 程序组件应用

知识目标

◆ 认识 Activity、Intent、Service、Broadcast 等组件及其工作原理；
◆ 了解 Service 和 Broadcast 编程技术；
◆ 掌握 Activity 和 Intent 在界面设计与数据传递中的应用。

技能目标

◆ 掌握 Activity、Intent、Service、Broadcast 等组件应用技术；
◆ 会使用 Activity、Intent、Service、Broadcast 编写 Android 应用程序；
◆ 能用 Activity、Intent 实现界面切换和数据传递；
◆ 能用 Service 和 Broadcast 实现音乐盒的设计与制作。

任务导航

◆ 任务 5-1 Activity 应用；
◆ 任务 5-2 Intent 应用；
◆ 任务 5-3 Service 应用；
◆ 任务 5-4 Broadcast 应用；
◆ 任务 5-5 音乐盒设计与实现。

任务 5-1　Activity 应用

【任务目标】

通过 Activity 类间的跳转方式，设计一个程序实现从一个界面跳转到另一个界面。

【任务描述】

界面跳转任务的界面设计与功能实现效果如图 5-1 所示。

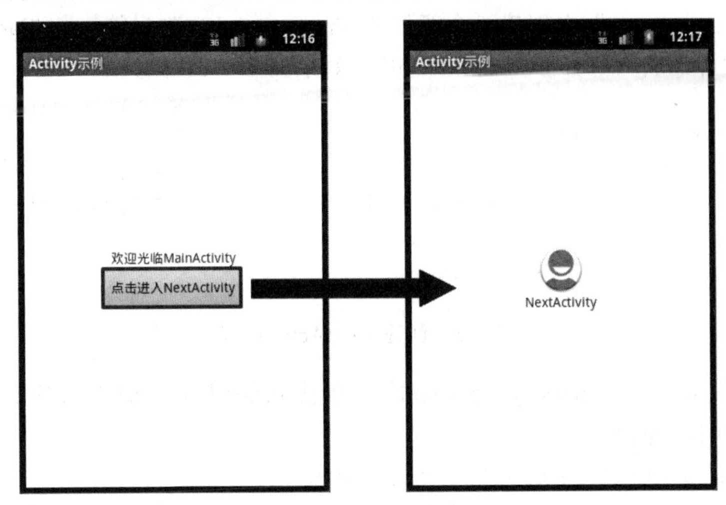

图 5-1　Activity 任务

【任务分析】

本任务需要创建 2 个 Activity，分别为 MainActivity 和 NextActivity。其中 MainActivity 的界面设计包含 1 个 TextView 和 1 个 Button，NextActivity 界面包含 1 个 ImageView 和 1 个 TextView。

【任务实施】

1. 设计 MainActivity 界面

创建一个【Android Application Project】，将该项目命名为 “activitydemo”。在项目 “activitydemo” 中双击打开界面程序 “activity_main.xml”，在代码编辑窗口输入对应程序代码，完成 MainActivity 界面代码的编写。

```
<LinearLayout xmlns:android="http://schemas.android.com/apk/res/android"
    xmlns:tools="http://schemas.android.com/tools"
    android:layout_width="fill_parent"
    android:layout_height="fill_parent"
    android:orientation="vertical"
```

```
    android:gravity="center" >
    <TextView android:text="欢迎光临 MainActivity"
        android:layout_width="wrap_content"
        android:layout_height="wrap_content" />
    <Button android:id="@+id/button"
        android:text="点击进入 NextActivity"
        android:layout_width="wrap_content"
        android:layout_height="wrap_content" />
</LinearLayout>
```

2. 设计 NextActivity 界面

在项目“activitydemo”中创建一个新的 Android Activity 类，命名为“NextActivity”，并将对应的界面文件命名为“activity_next.xml”，效果如图 5-2 所示。

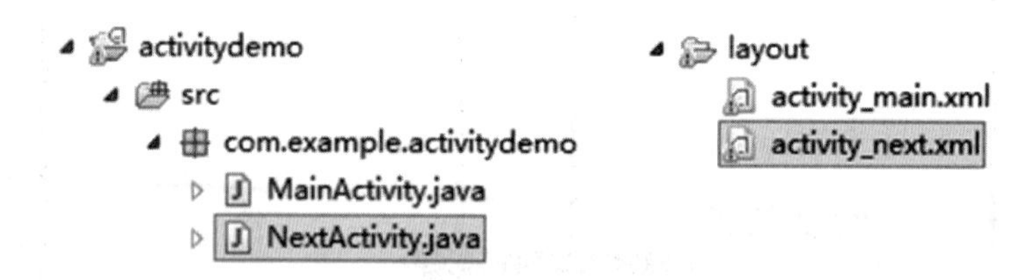

图 5-2　创建 NextActivity 类

双击打开界面程序“activity_next.xml”，在代码编辑窗口输入对应程序代码，完成 NextActivity 界面代码的编写。

```
<?xml version="1.0" encoding="utf-8"?>
<LinearLayout xmlns:android="http://schemas.android.com/apk/res/android"
    android:layout_width="fill_parent"
    android:layout_height="fill_parent"
    android:orientation="vertical"
    android:gravity="center" >
    <ImageView android:src="@drawable/ic_launcher"
        android:layout_width="wrap_content"
        android:layout_height="wrap_content" />
    <TextView android:text="NextActivity"
        android:layout_width="wrap_content"
        android:layout_height="wrap_content" />
</LinearLayout>
```

3. 编写跳转的功能代码

双击打开“MainActivity.java”，在代码编辑窗口输入对应程序代码，完成跳转的功能代码编写。

```
public class MainActivity extends Activity {
    @Override
    public void onCreate(Bundle savedInstanceState) {
```

```
        super.onCreate(savedInstanceState);
        setContentView(R.layout.activity_main);
        Button button = (Button) findViewById(R.id.button);
        button.setOnClickListener(new OnClickListener() {
            @Override
            public void onClick(View v) {
                Intent intent = new Intent();
                intent.setClass(MainActivity.this, NextActivity.class);
                startActivity(intent);
                MainActivity.this.finish();
            }
        });
    }
}
```

【技术知识】

知识点 1：认识 Activity

在 Android 开发中，Activity 是一个应用程序组件，提供一个界面，用户可以用来交互并完成某项任务，例如拨号、拍照、发送 email、看地图。每一个 Activity 被给予一个窗口，在上面可以绘制用户接口。窗口通常是布满屏幕，但也可以小于屏幕而浮于其他窗口之上。

一般来说，一个 Android 应用程序通常由一个或多个 Activity 组成，它们通常是松耦合关系。其中一个 Activity 被指定为 MainActivity，即当第一次启动应用程序时用户看到界面的那个 Activity。在 Activity 中可以启动另一个 Activity 以便完成不同的动作。每次一个 Activity 启动，前一个 Activity 就停止了，但是会被 Android 系统保留在一个栈中。当一个新 Activity 启动，它被推送到栈顶，取得用户焦点。栈采用“后进先出”原则，所以，当用户完成当前 Activity 然后点击返回按钮，之前的 Activity 将获得恢复。

知识点 2：Activity 生命周期

Activity 生命周期包含以下几个过程，生命周期流程如图 5-3 所示。

（1）启动 Activity：系统会先调用 onCreate 方法，然后调用 onStart 方法，最后调用 onResume、Activity 进入运行状态。

（2）当前 Activity 被其他 Activity 覆盖或被锁屏：系统会调用 onPause 方法，暂停当前 Activity 的执行。

（3）当前 Activity 由被覆盖状态回到前台或解锁屏：系统会调用 onResume 方法，再次进入运行状态。

（4）当前 Activity 跳转到新的 Activity 界面或按 Home 键回到主屏，自身退居后台：系统会先调用 onPause 方法，然后调用 onStop 方法，进入停滞状态。

（5）用户后退回到当前 Activity：系统会先调用 onRestart 方法，然后调用 onStart 方法，最后调用 onResume 方法，再次进入运行状态。

（6）当前 Activity 处于被覆盖状态或者后台不可见状态，即第（2）步和第（4）步，系统内存不足，杀死当前 Activity，而后用户退回当前 Activity：再次调用 onCreate 方法、onStart 方法、onResume 方法，进入运行状态。

（7）用户退出当前 Activity：系统先调用 onPause 方法，然后调用 onStop 方法，最后调用 onDestory 方法，结束当前 Activity。

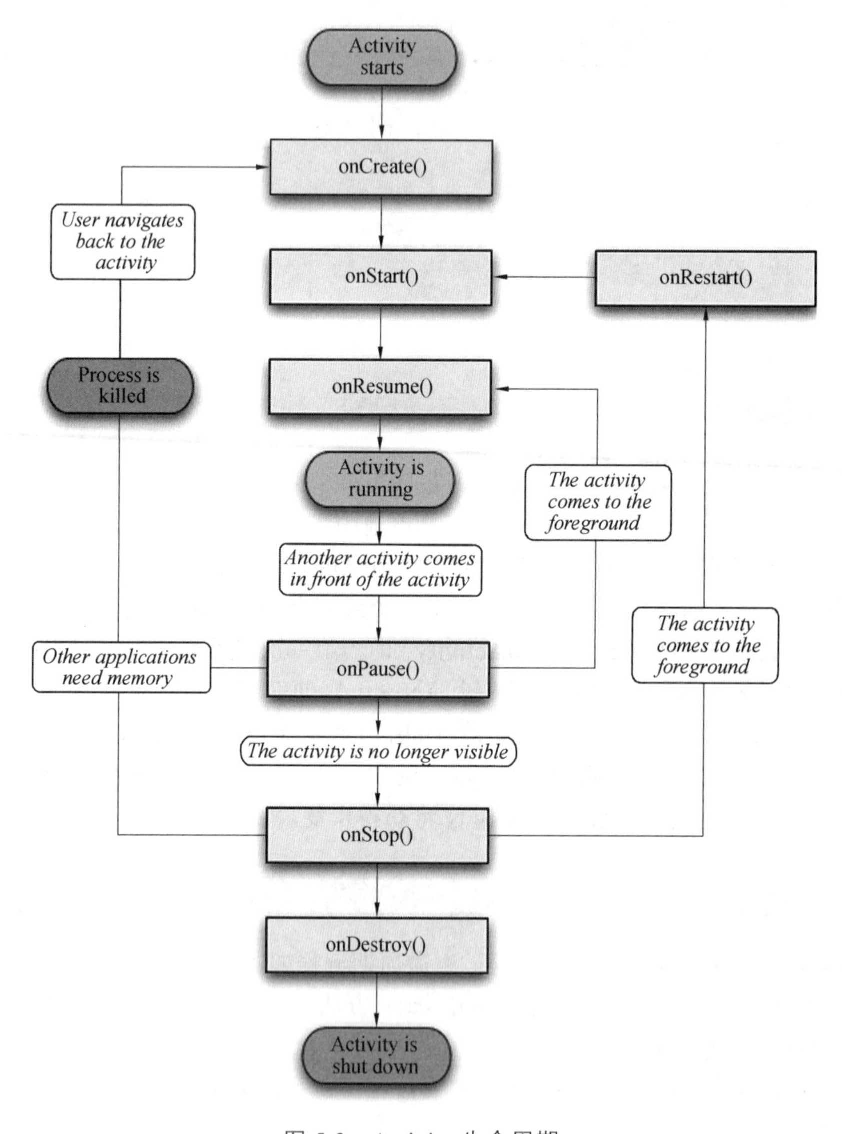

图 5-3　Activity 生命周期

【实战训练】

创建一个 Android 应用程序项目，在项目中使用两个 Activity 类编程实现如图 5-4 所示的登录界面的跳转。

图 5-4　Activity 实战训练

任务 5-2　Intent 应用

【任务目标】

通过 Intent 应用，设计一个程序实现软件界面间的跳转和数据传递。

【任务描述】

本任务由两个界面组成，如图 5-5 所示。当点击第一个界面中的按钮时，通过 Intent 组件将图片和文字数据传递到第二个界面显示出来，效果如下：

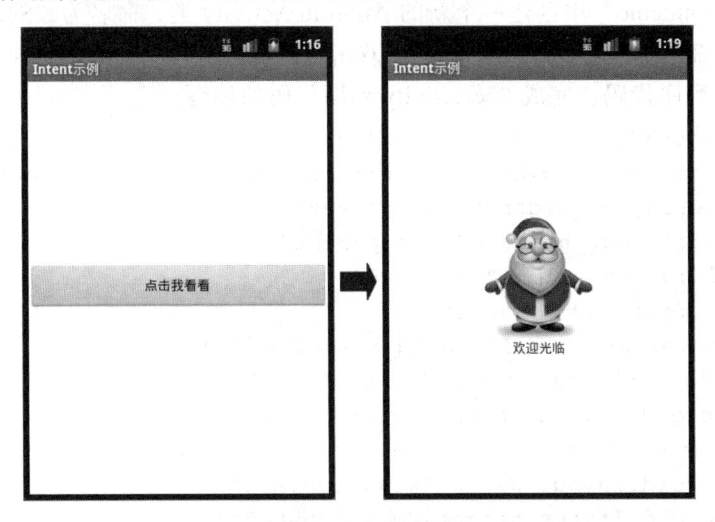

图 5-5　Intent 任务

【任务分析】

可以用两个 Activity 类（MainActivity 和 SecActivity）分别完成两个界面的设计与制作。

其中 MainActivity 类设置一个按钮 Button 控件，通过按钮点击事件，使用 Intent 组件将图片（圣诞老人）和文字（“欢迎光临”）传递到 SecActivity。然后在 SecActivity 类中将图片和文字显示出来。

【任务实施】

1. 创建 MainActivity 界面

创建一个【Android Application Project】，将该项目命名为“intentdemo”。在项目“intentdemo”中双击打开界面程序“activity_main.xml”，在代码编辑窗口输入对应程序代码，完成 MainActivity 界面代码的编写。

```
<LinearLayout xmlns:android="http://schemas.android.com/apk/res/android"
    xmlns:tools="http://schemas.android.com/tools"
    android:layout_width="fill_parent"
    android:layout_height="fill_parent"
    android:orientation="vertical"
    android:gravity="center" >
    <Button android:id="@+id/button"
       android:layout_width="fill_parent"
       android:layout_height="wrap_content"
       android:text="点击我看看" />
</LinearLayout>
```

2. 创建 SecActivity 界面

在项目“intentdemo”中创建一个新的 Android Activity 类，命名为“SecActivity”，并将对应的界面文件命名为“activity_sec.xml”。双击打开界面程序“activity_sec.xml”，在代码编辑窗口输入对应程序代码，完成 SecActivity 界面代码的编写。

```
<?xml version="1.0" encoding="utf-8"?>
<LinearLayout xmlns:android="http://schemas.android.com/apk/res/android"
    android:layout_width="fill_parent"
    android:layout_height="fill_parent"
    android:orientation="vertical"
    android:gravity="center" >
    <ImageView android:id="@+id/imageview"
       android:layout_width="wrap_content"
       android:layout_height="wrap_content" />
    <TextView  android:id="@+id/textview"
       android:layout_width="wrap_content"
       android:layout_height="wrap_content"
       android:text="在这里显示数据" />
</LinearLayout>
```

3. 编写 MainActivity 功能代码

双击打开“MainActivity.java”，在代码编辑窗口输入对应程序代码，使用 Intent 完成跳转和数据传递的功能代码编写。

```
public class MainActivity extends Activity {
    @Override
    public void onCreate(Bundle savedInstanceState) {
        super.onCreate(savedInstanceState);
        setContentView(R.layout.activity_main);
        Button button = (Button) findViewById(R.id.button);
        button.setOnClickListener(new OnClickListener() {
            @Override
            public void onClick(View v) {
                Intent intent = new Intent();
                intent.putExtra("text", "欢迎光临");
                intent.putExtra("image", R.drawable.santa);
                intent.setClass(MainActivity.this, SecActivity.class);
                startActivity(intent);
                MainActivity.this.finish();
            }
        });
    }
}
```

4. 编写 SecActivity 功能代码

双击打开“SecActivity.java”，在代码编辑窗口输入对应程序代码，完成数据接收和显示的功能代码编写。

```
public class SecActivity extends Activity{
    @Override
    protected void onCreate(Bundle savedInstanceState) {
        super.onCreate(savedInstanceState);
        setContentView(R.layout.activity_sec);
        TextView textview = (TextView) findViewById(R.id.textview);
        ImageView imageview = (ImageView) findViewById(R.id.imageview);
        Intent intent = getIntent();
        String text = intent.getStringExtra("text");
        int image = intent.getIntExtra("image", R.drawable.ic_launcher);
        textview.setText(text);
        imageview.setImageResource(image);
    }
}
```

【技术知识】

知识点 1：认识 Intent

Intent 是不同组件之间相互通信的纽带，封装了不同组件之间通信的条件。Intent 本身是定义为一个类（Class），一个 Intent 对象表达一个目的（Goal）或期望（Expectation），叙述其所期望的服务或动作、与动作有关的数据等。Android 则根据此 Intent 对象之叙述，负责配对，找出相配的组件，然后将 Intent 对象传递给所找到的组件。

Intent 是一个保存着消息内容的 Intent 对象。对于 activity 和服务来说，它指明了请求的操作名称以及作为操作对象的数据的 URI 和其他一些信息。比如说，它可以承载对一个 Activity 的请求，让它为用户显示一张图片，或者让用户编辑一些文本。而对于广播接收器而言，Intent 对象指明了声明的行为。比如，它可以对所有感兴趣的对象声明照相按钮被按下。

知识点 2：Intent 包含的六大信息

（1）Component name（组件名称），指定 Intent 的目标组件的类名称。定义要启动哪一个组件，启动的组件不一定是 Activity。

（2）Action（动作），指定新启动组建的动作。指定 Intent 的执行动作，比如调用拨打电话组件。

（3）Data（数据），向另外一个 Activity 里面传送的数据。

（4）Category（类别），向另外一个 Activity 传送的多个键值对，被执行动作的附加信息。例如应用的启动 Activity 在 intent-filter 中设置 category。

（5）Extras（附加信息），为处理 Intent 组件提供附加的信息。可通过 put××()和 get××()方法存取信息；也可以通过创建 Bundle 对象，再通过 putExtras()和 getExtras()方法来存取。

（6）Flags（标记），指示 Android 如何启动目标 Activity，设置方法为调用 Intent 的 setFlags 方法。

【实战训练】

创建一个 Android 应用程序项目，在项目中使用两个 Activity 类编程实现如图 5-6 所示的登录界面的跳转和数据传递。

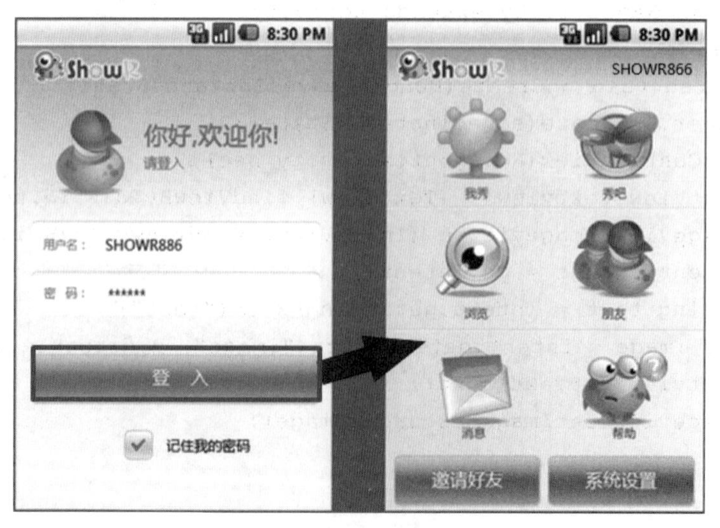

图 5-6 Intent 实战训练

任务 5-3　Service 应用

【任务目标】

使用 Service 设计制作一个音乐播放器。

【任务描述】

音乐播放器界面设计与功能实现效果如图 5-7 所示。

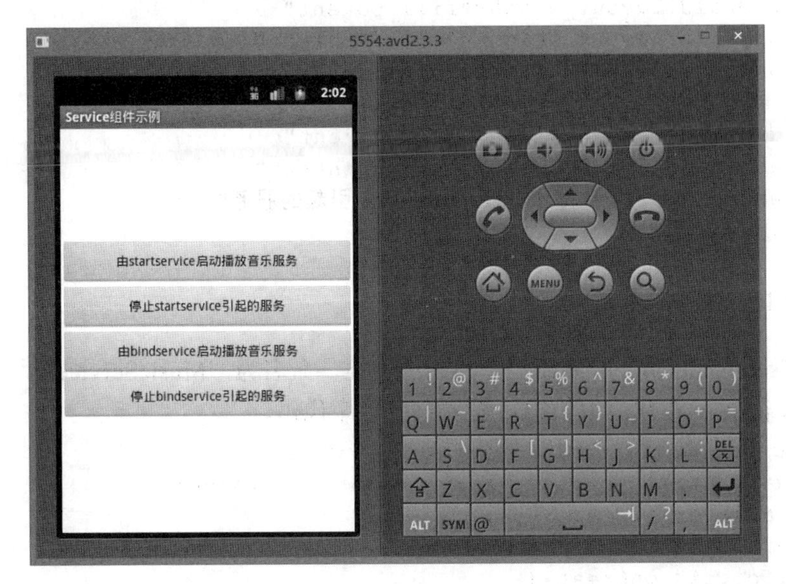

图 5-7　Service 任务

【任务分析】

界面设计可以使用线性布局，自上而下设计 4 个按钮 Button，采用 startservice 和 bindservice 两种方式分别启动和停止播放音乐服务。

【任务实施】

1. 设计播放器界面

创建一个【Android Application Project】，将该项目命名为“servicedemo”。在项目“servicedemo”中双击打开界面程序“activity_main.xml”，在代码编辑窗口输入对应程序代码，完成 MainActivity 界面代码的编写。

```
<LinearLayout xmlns:android="http://schemas.android.com/apk/res/android"
    xmlns:tools="http://schemas.android.com/tools"
    android:layout_width="fill_parent"
    android:layout_height="fill_parent"
```

```
    android:orientation="vertical"
    android:gravity="center" >
    <Button android:id="@+id/buttonstartbystartservice"
        android:layout_width="fill_parent"
        android:layout_height="wrap_content"
        android:text="由 startservice 启动播放音乐服务" />
    <Button android:id="@+id/buttonstopbystartservice"
        android:layout_width="fill_parent"
        android:layout_height="wrap_content"
        android:text="停止 startservice 引起的服务" />
    <Button android:id="@+id/buttonstartbybindservice"
        android:layout_width="fill_parent"
        android:layout_height="wrap_content"
        android:text="由 bindservice 启动播放音乐服务" />
    <Button android:id="@+id/buttonstopbybindservice"
        android:layout_width="fill_parent"
        android:layout_height="wrap_content"
        android:text="停止 bindservice 引起的服务" />
</LinearLayout>
```

2. 创建 MusicService 类

在项目“servicedemo”中创建一个 Service 类，命名为“MusicService”。双击打开程序“MusicService.java”，在代码编辑窗口输入对应程序代码。

```
public class MusicService extends Service {
    private static boolean servicestatus = false;
    MediaPlayer mediaplayer;
    @Override
    public void onCreate() {
        super.onCreate();
        mediaplayer = MediaPlayer.create(this,
                Uri.parse("http://wlkc.gtxy.cn/lgc/mp3/gsls.mp3"));
        mediaplayer.start();
    }
    @Override
    public void onDestroy() {
        super.onDestroy();
        mediaplayer.stop();
    }
    @Override
    public IBinder onBind(Intent arg0) {
        return null;
    }
    public static boolean getServicestatus() {
        return servicestatus;
    }
    public static void setServicestatus(boolean servicestatus) {
        MusicService.servicestatus = servicestatus;
    }
}
```

3. 编写按钮程序

双击打开程序“MainActivity.java”，在代码编辑窗口输入对应程序代码。

```
public class MainActivity extends Activity {
    ServiceConnection serviceconnection;
    @Override
    public void onCreate(Bundle savedInstanceState) {
        super.onCreate(savedInstanceState);
        setContentView(R.layout.activity_main);
        Button buttonstartbystartservice =
           (Button) findViewById(R.id.buttonstartbystartservice);
        Button buttonstopbystartservice =
           (Button) findViewById(R.id.buttonstopbystartservice);
        Button buttonstartbybindservice =
           (Button) findViewById(R.id.buttonstartbybindservice);
        Button buttonstopbybindservice =
           (Button) findViewById(R.id.buttonstopbybindservice);
      buttonstartbystartservice.setOnClickListener(new OnClickListener(){
        @Override
        public void onClick(View v) {
        startService(new Intent(MainActivity.this,MusicService.class));
             }
        });
       buttonstopbystartservice.setOnClickListener(new OnClickListener(){
        @Override
        public void onClick(View v) {
        stopService(new Intent(MainActivity.this,MusicService.class));
             }
         });
       buttonstartbybindservice.setOnClickListener(new OnClickListener(){
         @Override
         public void onClick(View v) {
         bindService(new Intent("com.example.servicedemo.MusicService"),
                         serviceconnection,BIND_AUTO_CREATE);
             }
        });
       buttonstopbybindservice.setOnClickListener(new OnClickListener(){
         @Override
         public void onClick(View v) {
              if(MusicService.getServicestatus()){
                  unbindService(serviceconnection);
              }
         }
       });
    }
}
```

4. 注册 Service 类

在项目“servicedemo”中双击打开程序“AndroidManifest.xml”，在代码编辑窗口添加 MusicService 类的注册代码，如图 5-8 所示。

```
<manifest xmlns:android="http://schemas.android.com/apk/res/android"
    package="com.example.servicedemo"
    android:versionCode="1"
    android:versionName="1.0" >
    <uses-sdk
        android:minSdkVersion="8"
        android:targetSdkVersion="15" />
    <application
        android:icon="@drawable/ic_launcher"
        android:label="@string/app_name"
        android:theme="@style/AppTheme" >
        <activity
            android:name=".MainActivity"
            android:label="@string/title_activity_main" >
            <intent-filter>
                <action android:name="android.intent.action.MAIN" />
                <category android:name="android.intent.category.LAUNCHER" />
            </intent-filter>
        </activity>
        <service android:name=".MusicService">
        </service>
    </application>
</manifest>
```

图 5-8 添加 MusicService 类的注册代码

【技术知识】

知识点 1：认识 Service

Service 服务是 Android 系统最常用的四大部件之一，Android 支持 Service 服务的原因主要有两个，一是简化后台任务的实现，二是实现在同一台设备当中跨进程的远程信息通信。

Service 服务主要分为 Local Service 本地服务与 Remote Service 远程服务两种，本地服务只支持同一进程内的应用程序进行访问，远程服务可通过 AIDL（Android Interface Definition Language）技术支持跨进程访问。Service 服务可以通过 Context.startService() 和 Context.bindService()进行启动，一般 Local Service 本地服务可使用其中一种方法启动，但 Remote Service 远程服务只能使用 Context.bindService()启动，而两种调用方式在使用场景与活动流程中都存在一定的差异。

知识点 2：Service 的两类使用方式

第一类 直接通过 Context.startService()启动，通过 Context.stopService() 结束 Service，其特点在于调用简单，方便控制。缺点在于一旦启动了 Service 服务，除了再次调用或结束服务外就再无法对服务内部状态进行操控，缺乏灵活性。

第二类 通过 Context.bindService()启动，通过 Context.unbindService()结束，相对其特点在运用灵活，可以通过 IBinder 接口中获取 Service 的句柄，对 Service 状态进行检测。

从 Android 系统设计的架构上看，startService()是用于启动本地服务，bindService()更多是用于对远程服务进行绑定。当然，也可以结合两者进行混合式应用，先通过 startService()

启动服务，然后通过 bindService()、unbindService()方法进行多次绑定，以获取 Service 服务在不同状态下的信息，最后通过 stopService()方法结束 Service 运行。

【实战训练】

创建一个 Android 应用程序项目，使用 Service 编程实现如图 5-9 所示的背景音乐控制的功能。

图 5-9　Service 实战训练

任务 5-4　Broadcast 应用

【任务目标】

使用 Broadcast 编程实现消息的广播发送。

【任务描述】

本任务通过 Broadcast 广播组件实现对广播信息的发送，任务效果如图 5-10 所示。

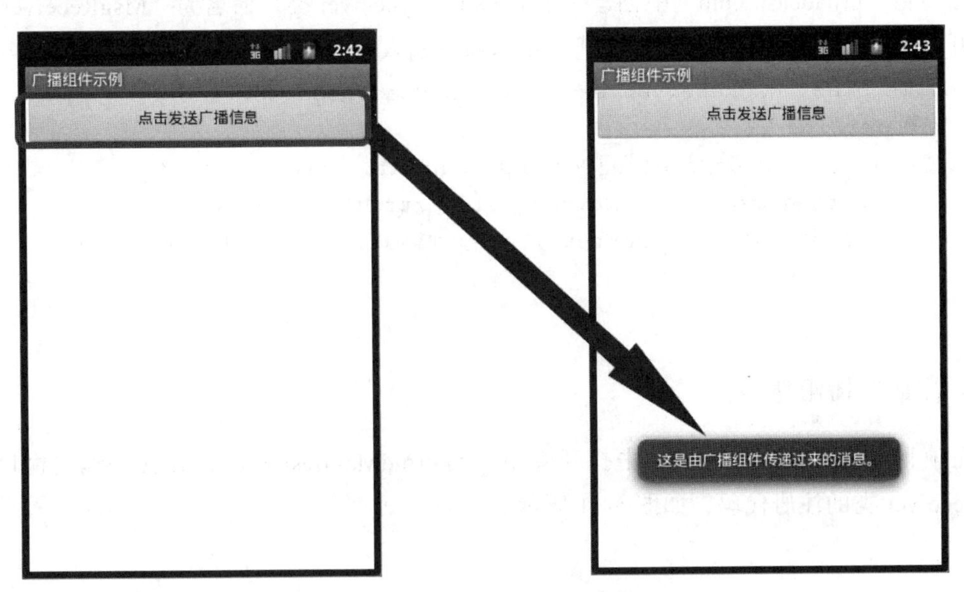

图 5-10　Broadcast 任务

【任务分析】

广播信息发送界面设计简单，使用线性布局，在界面上设计一个按钮 Button，当点击按钮时，发送一条事先写好的广播消息。发送后的广播信息以 Toast 方式进行显示。

【任务实施】

1. 创建程序界面

创建一个【Android Application Project】，将该项目命名为“broadcastdemo”。在项目“broadcastdemo”中双击打开界面程序“activity_main.xml”，在代码编辑窗口输入对应程序代码，完成 MainActivity 界面代码的编写。

```
<LinearLayout xmlns:android="http://schemas.android.com/apk/res/android"
    xmlns:tools="http://schemas.android.com/tools"
    android:layout_width="fill_parent"
    android:layout_height="fill_parent"
    android:orientation="vertical" >
    <Button android:id="@+id/button"
        android:layout_width="fill_parent"
        android:layout_height="wrap_content"
        android:text="点击发送广播信息" />
</LinearLayout>
```

2. 创建 BroadcastReceiver 类

在项目“broadcastdemo”中创建一个 BroadcastReceiver 类，命名为“MsgReceiver”。双击打开程序“MsgReceiver.java”，在代码编辑窗口输入对应程序代码。

```
public class MsgReceiver extends BroadcastReceiver {
    @Override
    public void onReceive(Context context, Intent intent) {
        String msg = intent.getStringExtra("msg");
        Toast.makeText(context, msg, Toast.LENGTH_SHORT).show();
    }
}
```

3. 注册广播组件

在项目“servicedemo”中双击打开程序“AndroidManifest.xml”，在代码编辑窗口添加 MsgReceiver 类的注册代码，如图 5-11 所示。

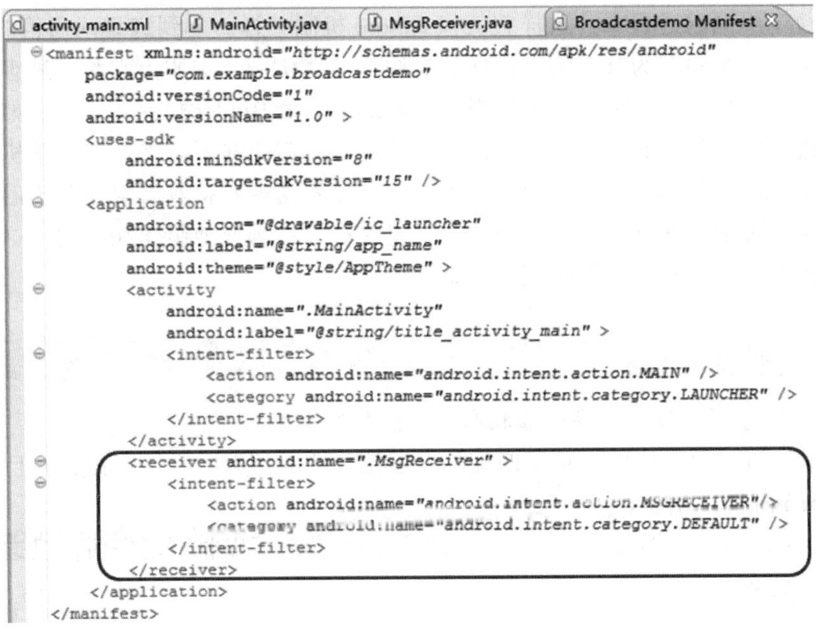

```
activity_main.xml   MainActivity.java   MsgReceiver.java   Broadcastdemo Manifest
<manifest xmlns:android="http://schemas.android.com/apk/res/android"
    package="com.example.broadcastdemo"
    android:versionCode="1"
    android:versionName="1.0" >
    <uses-sdk
        android:minSdkVersion="8"
        android:targetSdkVersion="15" />
    <application
        android:icon="@drawable/ic_launcher"
        android:label="@string/app_name"
        android:theme="@style/AppTheme" >
        <activity
            android:name=".MainActivity"
            android:label="@string/title_activity_main" >
            <intent-filter>
                <action android:name="android.intent.action.MAIN" />
                <category android:name="android.intent.category.LAUNCHER" />
            </intent-filter>
        </activity>
        <receiver android:name=".MsgReceiver" >
            <intent-filter>
                <action android:name="android.intent.action.MSGRECEIVER"/>
                <category android:name="android.intent.category.DEFAULT" />
            </intent-filter>
        </receiver>
    </application>
</manifest>
```

图 5-11　添加 MsgReceiver 类的注册代码

4. 编写按钮程序

双击打开程序“MainActivity.java”，在代码编辑窗口输入对应程序代码。

```
public class MainActivity extends Activity {
    @Override
    public void onCreate(Bundle savedInstanceState) {
        super.onCreate(savedInstanceState);
        setContentView(R.layout.activity_main);
        Button button = (Button) findViewById(R.id.button);
        button.setOnClickListener(new OnClickListener() {
            @Override
            public void onClick(View v) {
                Intent intent = new Intent();
                intent.setAction("android.intent.action.MSGRECEIVER");
                intent.putExtra("msg", "这是由广播组件传递过来的消息。");
                sendBroadcast(intent);
            }
        });
    }
}
```

【技术知识】

知识点 1：认识 Broadcast

在 Android 系统中，广播（Broadcast）是在组件之间传播数据的一种机制。这些 Broadcast

甚至是可以位于不同的进程中，这样它就像 Binder 机制一样，起到进程间通信的作用。

在 Android 系统中，为什么需要广播机制呢？广播机制，本质上它是一种组件间的通信方式，如果是两个组件位于不同的进程当中，那么可以用 Binder 机制来实现，如果两个组件是在同一个进程中，那么它们之间可以用来通信的方式就更多了。然而，广播机制却是不可替代的，它和 Binder 机制不一样的地方在于，广播的发送者和接收者事先是不需要知道对方的存在的，这样带来的好处便是，系统的各个组件可以松耦合地组织在一起，这样系统就具有高度的可扩展性，容易与其他系统进行集成。

知识点 2：Broadcast 的两种类型

Broadcast 广播可以分为无序广播和有序广播两种类型。

无序广播：所有跟广播的 intent 匹配的广播接收者都可以收到该广播，并且是没有先后顺序（同时收到）。

有序广播：所有跟广播的 intent 匹配的广播接收者都可以收到该广播，但是会按照广播接收者的优先级来决定接收的先后顺序。

知识点 3：广播接收器 BroadcastReceiver

广播分为：广播发送器、广播接收器。其中广播接收器 BroadcastReceiver 是一个专注于接收广播通知信息，并做出对应处理的组件。Android 应用程序可以拥有任意数量的广播接收器对所有它感兴趣的通知信息予以响应，并且所有的接收器均继承自 BroadcastReceiver 基类。BroadcastReceiver 生命周期过程从对象调用它开始，到 onReceiver 方法执行完成之后结束。另外，每次广播被接收后会重新创建 BroadcastReceiver 对象，并在 onReceiver 方法中执行完就销毁。

知识点 4：创建 BroadcastReceiver 的方法

第一步：创建 BroadcastReceiver 的子类

由于 BroadcastReceiver 本质上是一种监听器，所以创建 BroadcastReceiver 的方法也非常简单，只需要创建一个 BroadcastReceiver 的子类然后重写 onReceive (Context context, Intentintent)方法即可。

具体代码如下：

```
public class MyBroadcastReceiver extends BroadcastReceiver {
 @Override
 public void onReceive(Context context, Intent intent) {
          String msg-intent.getExtras().get("msg").toString();
          Toast.makeText(context,"intent.getAction()"+
             intent.getAction().toString(), Toast.LENGTH_LONG).show();
          System.out.println("msg:"+msg);
 }
}
```

第二步：注册 BroadcastReceiver

一旦实现了 BroadcastReceiver，接下就应该指定该 BroadcastReceiver 能匹配的 Intent，即注册 BroadcastReceiver。注册 BroadcastReceiver 的方式有两种：第一种是在配置文件中注册，第二种是在 Java 代码中进行注册。

第一种方法是在配置 AndroidManifest.xml 配置文件中注册，通过这种方式注册的广播为常驻型广播，也就是说如果应用程序关闭了，有相应事件触发程序还是会被系统自动调用运行。例如：

```
<!-- 在配置文件中注册 BroadcastReceiver 能够匹配的 Intent -->
<receiver android:name="com.example.test.MyBroadcastReceiver">
    <intent-filter>
        <action android:name="android.intent.action.MyBroadcastReceiver"></action>
        <category android:name="android.intent.category.DEFAULT"></category>
    </intent-filter>
</receiver>
```

第二种方法是通过代码在 Java 程序中进行注册。通过这种方式注册的广播为非常驻型广播，即它会跟随 Activity 的生命周期，所以在 Activity 结束前需要调用 unregisterReceiver (receiver)方法移除它。例如：

```
//通过代码的方式动态注册 MyBroadcastReceiver
MyBroadcastReceiver receiver=new MyBroadcastReceiver();  (这里可以写系统的
广播接收者重写 onReceiver 方法就可以)
IntentFilter filter=new IntentFilter();
filter.addAction("android.intent.action.MyBroadcastReceiver");
//注册 receiver
registerReceiver(receiver, filter);
```

【实战训练】

创建一个 Android 应用程序项目，使用 BroadcastReceiver 编程实现如图 5-12 所示的功能。

图 5-12　Broadcast 实战训练

（1）点击【发送广播】按钮的时候，因为程序没有注册 BraodcastReceiver，所以使用 Toast 输出“没有注册 BraodcastReceiver”的信息。

（2）当先点击【注册广播接收器】再点击【发送广播】按钮的时候，这时程序会动态的注册 BraodcastReceiver，之后会调用 onReceive()方法，通过 Toast 输出“这是广播测试”信息。

（3）当点击【注销广播接收器】按钮的时候，这时程序会注销 BraodcastReceiver，再点击【发送广播】，使用 Toast 输出“没有注册 BraodcastReceiver”的信息。

任务 5-5　音乐盒设计与实现

【任务目标】

设计并制作一个 Android 音乐盒软件。

【任务描述】

音乐盒的界面设计与功能实现效果如图 5-13 所示。

图 5-13　音乐盒任务

【任务分析】

音乐盒的界面设计采用水平线性布局设计，包括 2 个 ImageButton 和 2 个 TextView。第一个 ImageButton 用于实现音乐的播放和暂停功能，第二个 ImageButton 用于停止音乐的播放。

【任务实施】

1. 创建程序界面

创建一个【Android Application Project】，将该项目命名为“musicboxdemo”。在项目“musicboxdemo”中双击打开界面程序“activity_main.xml”，在代码编辑窗口输入对应程序代码，完成 MainActivity 界面代码的编写。

```
<LinearLayout xmlns:android="http://schemas.android.com/apk/res/android"
```

```
    xmlns:tools="http://schemas.android.com/tools"
    android:layout_width="fill_parent"
    android:layout_height="wrap_content"
    android:orientation="horizontal" >
    <ImageButton android:id="@+id/btn_play"
        android:layout_width="wrap_content"
        android:layout_height="wrap_content"
        android:src="@drawable/play"/>
    <ImageButton android:id="@+id/btn_stop"
        android:layout_width="wrap_content"
        android:layout_height="wrap_content"
        android:src="@drawable/stop"/>
    <LinearLayout android:orientation="vertical"
        android:layout_width="fill_parent"
        android:layout_height="fill_parent">
        <TextView android:id="@+id/txt_title"
            android:layout_width="wrap_content"
            android:layout_height="wrap_content"
            android:textSize="25px"
            android:ellipsize="marquee"
            android:layout_weight="1"
            android:marqueeRepeatLimit="marquee_forever" />
        <TextView android:id="@+id/txt_author"
            android:textSize="15px"
            android:gravity="center_vertical"
            android:layout_weight="1"
            android:layout_width="wrap_content"
            android:layout_height="wrap_content" />
    </LinearLayout>
</LinearLayout>
```

2. 编写 Activity 程序

双击打开程序“MainActivity.java”，在代码编辑窗口输入对应程序代码。

```
public class MainActivity extends Activity implements OnClickListener {
    // 获取界面中显示歌曲标题、作者文本框
    TextView music_title, music_author;
    // 播放/暂停、停止按钮
    ImageButton music_play, music_stop;
    ActivityReceiver activityReceiver;
    public static final String CTL_ACTION =
        "com.example.musicboxdemo.action.CTL_ACTION";
    public static final String UPDATE_ACTION =
        "com.example.musicboxdemo.action.UPDATE_ACTION";
    // 定义音乐的播放状态，0x11 代表没有播放；0x12 代表正在播放；0x13 代表暂停
    int status = 0x11;
```

```
String[] titleStrs = new String[] { "心愿", "约定", "美丽新世界" };
String[] authorStrs = new String[] { "张三", "李四", "王五" };
@Override
public void onCreate(Bundle savedInstanceState) {
    super.onCreate(savedInstanceState);
    setContentView(R.layout.activity_main);
    // 获取程序界面界面中的两个按钮
    music_play = (ImageButton) this.findViewById(R.id.btn_play);
    music_stop = (ImageButton) this.findViewById(R.id.btn_stop);
    music_title = (TextView) findViewById(R.id.txt_title);
    music_author = (TextView) findViewById(R.id.txt_author);
    // 为两个按钮的单击事件添加监听器
    music_play.setOnClickListener(this);
    music_stop.setOnClickListener(this);
    activityReceiver = new ActivityReceiver();
    // 创建 IntentFilter
    IntentFilter filter = new IntentFilter();
    // 指定 BroadcastReceiver 监听的 Action
    filter.addAction(UPDATE_ACTION);
    // 注册 BroadcastReceiver
    registerReceiver(activityReceiver, filter);
    Intent intent = new Intent(this, MusicService.class);
    // 启动后台 Service
    startService(intent);
}
// 自定义的 BroadcastReceiver，负责监听从 Service 传回来的广播
public class ActivityReceiver extends BroadcastReceiver{
    @Override
    public void onReceive(Context context, Intent intent){
        // 获取 Intent 中的 update 消息，update 代表播放状态
        int update = intent.getIntExtra("update", -1);
        // 获取 Intent 中的 current 消息，current 代表当前正在播放的歌曲
        int current = intent.getIntExtra("current", -1);
        if (current >= 0){
            music_title.setText(titleStrs[current]);
            music_author.setText(authorStrs[current]);
        }
        switch (update){
            case 0x11:
                music_play.setImageResource(R.drawable.play);
                status = 0x11;
                break;
            // 控制系统进入播放状态
            case 0x12:
                // 播放状态下设置使用暂停图标
                music_play.setImageResource(R.drawable.pause);
                // 设置当前状态
```

```
                status = 0x12;
                break;
            // 控制系统进入暂停状态
            case 0x13:
                // 暂停状态下设置使用播放图标
                music_play.setImageResource(R.drawable.play);
                // 设置当前状态
                status = 0x13;
                break;
        }
    }
}
@Override
public void onClick(View view) {
    // 创建 Intcnt
    Intent intent = new Intent("com.example.musicboxdemo.action.CTL_ACTION");
    switch (view.getId())
    {
        // 按下播放/暂停按钮
        case R.id.btn_play:
            intent.putExtra("control", 1);
            break;
        // 按下停止按钮
        case R.id.btn_stop:
            intent.putExtra("control", 2);
            break;
    }
    // 发送广播，将被 Service 组件中的 BroadcastReceiver 接收到
    sendBroadcast(intent);
}
@Override
public boolean onCreateOptionsMenu(Menu menu) {
    getMenuInflater().inflate(R.menu.activity_main, menu);
    return true;
}
}
```

3. 编写 Service 程序

在项目“musicboxdemo”中创建一个 Service 类，命名为“MusicService”。双击打开程序“MusicService.java”，在代码编辑窗口输入对应程序代码。

```
public class MusicService extends Service {
    MyReceiver serviceReceiver;
    AssetManager am;
    String[] musics = new String[] { "wish.mp3", "promise.mp3",
```

```
    "beautiful.mp3" };
MediaPlayer mPlayer;
// 当前的状态,0x11 代表没有播放 ; 0x12 代表 正在播放; 0x13 代表暂停
int status = 0x11;
// 记录当前正在播放的音乐
int current = 0;
@Override
public IBinder onBind(Intent arg0) {
    return null;
}
@Override
public void onCreate() {
    am = getAssets();
    // 创建 BroadcastReceiver
    serviceReceiver = new MyReceiver();
    // 创建 IntentFilter
    IntentFilter filter = new IntentFilter();
    filter.addAction(MainActivity.CTL_ACTION);
    registerReceiver(serviceReceiver, filter);
    // 创建 MediaPlayer
    mPlayer = new MediaPlayer();
    // 为 MediaPlayer 播放完成事件绑定监听器
    mPlayer.setOnCompletionListener(new OnCompletionListener() {
        @Override
        public void onCompletion(MediaPlayer mp){
            current++;
            if (current >= 3){
                current = 0;
            }
            // 发送广播通知 Activity 更改文本框
            Intent sendIntent = new Intent(MainActivity.UPDATE_ACTION);
            sendIntent.putExtra("current", current);
            // 发送广播 ，将被 Activity 组件中的 BroadcastReceiver 接收到
            sendBroadcast(sendIntent);
            // 准备、并播放音乐
            prepareAndPlay(musics[current]);
        }
    });
    super.onCreate();
}
private void prepareAndPlay(String music){
    try{
        // 打开指定音乐文件
        AssetFileDescriptor afd = am.openFd(music);
        mPlayer.reset();
        // 使用 MediaPlayer 加载指定的声音文件。
        mPlayer.setDataSource(afd.getFileDescriptor(),
```

```
            afd.getStartOffset(), afd.getLength());
        // 准备声音
        mPlayer.prepare();
        // 播放
        mPlayer.start();
    }catch (IOException e){
        e.printStackTrace();
    }
}
public class MyReceiver extends BroadcastReceiver{
    @Override
    public void onReceive(final Context context, Intent intent){
        int control = intent.getIntExtra("control", -1);
        switch (control){
            // 播放或暂停
            case 1:
                // 原来处于没有播放状态
                if (status == 0x11){
                    // 准备、并播放音乐
                    prepareAndPlay(musics[current]);
                    status = 0x12;
                }
                // 原来处于播放状态
                else if (status == 0x12){
                    // 暂停
                    mPlayer.pause();
                    // 改变为暂停状态
                    status = 0x13;
                }
                // 原来处于暂停状态
                else if (status == 0x13){
                    // 播放
                    mPlayer.start();
                    // 改变状态
                    status = 0x12;
                }
                break;
            // 停止声音
            case 2:
                // 如果原来正在播放或暂停
                if (status == 0x12 || status == 0x13){
                    // 停止播放
                    mPlayer.stop();
                    status = 0x11;
                }
        }
        // 发送广播通知Activity更改图标、文本框
```

```
                Intent sendIntent = new Intent(MainActivity.UPDATE_ACTION);
                sendIntent.putExtra("update", status);
                sendIntent.putExtra("current", current);
                // 发送广播 ，将被 Activity 组件中的 BroadcastReceiver 接收到
                sendBroadcast(sendIntent);
            }
        }
    }
```

4. 注册 Service

在项目“servicedemo”中双击打开程序“AndroidManifest.xml”，在代码编辑窗口添加Service类的注册代码。

```
<service android:name=".MusicService"></service>
```

【技术知识】

知识点 1：认识 MediaPlayer

Android 提供了常见的音频、视频的编码和解码机制。Android 下对于音频、视频的支持均要用到 MediaPlayer。MediaPlayer 是一个主要用来控制 Android 下播放文件或流的类，它位于 Android 多媒体包下"android.media.MediaPlayer"。MediaPlayer 支持的数据源包括本地文件、内部的 Uri（内容提供者）、外部 Uri。借助于多媒体类 MediaPlayer 的支持，开发人员可以很方便地在应用中播放音频、视频。

知识点 2：如何获得 MediaPlayer 实例

可以使用直接 new 的方式：

```
MediaPlayer mp = new MediaPlayer();
```

也可以使用 create 的方式，如：

```
MediaPlayer mp = MediaPlayer.create(this, R.raw.test);
```

知识点 3：如何设置要播放的文件

MediaPlayer 要播放的文件主要包括 3 个来源：

（1）用户在应用中事先自带的 resource 资源。

例如：MediaPlayer.create(this, R.raw.test);

（2）存储在 SD 卡或其他文件路径下的媒体文件。

例如：mp.setDataSource("/sdcard/test.mp3");

（3）网络上的媒体文件。

例如：mp.setDataSource("http://www.citynorth.cn/music/confucius.mp3");

知识点 4：对播放器的主要控制方法

Android 通过控制播放器状态的方式来控制媒体文件的播放，其中：

prepare()和 prepareAsync()：提供了同步和异步两种方式设置播放器进入 prepare 状态，需要注意的是，如果 MediaPlayer 实例是由 create 方法创建的，那么第一次启动播放前不需要再调用 prepare（ ），因为 create 方法里已经调用过了。

start()：是真正启动文件播放的方法。

pause()和 stop()：比较简单，起到暂停和停止播放的作用。

seekTo()：是定位方法，可以让播放器从指定的位置开始播放，需要注意的是该方法是个异步方法，也就是说该方法返回时并不意味着定位完成，尤其是播放的网络文件，真正定位完成时会触发 OnSeekComplete.onSeekComplete()，如果需要是可以调用 setOnSeekCompleteListener(OnSeekCompleteListener)设置监听器来处理的。

release()：可以释放播放器占用的资源，一旦确定不再使用播放器时应当尽早调用它释放资源。

reset()：可以使播放器从 Error 状态中恢复过来，重新会到 Idle 状态。

知识点 5：设置播放器的监听器

MediaPlayer 提供了一些设置不同监听器的方法来更好地对播放器的工作状态进行监听，以期及时处理各种情况。如：setOnCompletionListener(MediaPlayer.OnCompletionListener listener)、setOnErrorListener(MediaPlayer.OnErrorListener listener)等，设置播放器时需要考虑到播放器可能出现的情况设置好监听和处理逻辑，以保持播放器的健壮性。

【实战训练】

编程实现如图 5-14 所示的 Android 音乐播放器的设计与实现。

图 5-14　音乐播放器实战训练

项目小结

本项目简要介绍了 Android 开发中 Activity、Service、Broadcast 等组件的应用。着重介绍了 Activity 和 Intent 的使用方法和编程技巧，以及 Service 和 Broadcast 结合实现 Android 音乐盒的设计和程序实现方式。

项目重点：熟练掌握 Activity、Service、Broadcast 等组件的使用方法、熟练掌握 Activity 和 Intent 结合实现界面调整和数据传递的方式和技巧。熟悉 Service 和 Broadcast 结合实现 Android 音乐播放的编程方法。

考核评价

在本项目教学和实施过程中，教师和学生可以根据考核评价表 5-1 对各项任务进行考核评价。考核主要针对学生在技术知识、技能训练、项目实践的掌握程度和完成效果进行评价。

表 5-1　考核评价表

评价内容	评价标准									
	技术知识		技能训练		项目实战		完成效果		总体评价	
	个人评价	教师评价	个人评价	教师评价	个人评价	教师评价	个人评价	教师评价	个人评价	教师评价
任务 5-1										
任务 5-2										
任务 5-3										
任务 5-4										
任务 5-5										
存在问题与解决办法（应对策略）										
学习心得与体会分享										

项目 6　Android 程序数据存储

知识目标

- ◆ 了解 Android 文件存储和数据库操作技术；
- ◆ 掌握 Android 文件存储方式和编程技巧；
- ◆ 掌握 SQLite 数据库的操作；
- ◆ 掌握 SharedPreferences 和 ContentProvider 的使用。

技能目标

- ◆ 了解 Android 文件存储和数据库操作流程；
- ◆ 会 Android 文件读写和数据库操作；
- ◆ 能编程实现文件存储、读取以及 SQLite 数据库的增删改查操作。

任务导航

- ◆ 任务 6-1　文件存储操作；
- ◆ 任务 6-2　SD 卡文件读写；
- ◆ 任务 6-3　SD 卡文件浏览器制作；
- ◆ 任务 6-4　SQLite 数据库操作；
- ◆ 任务 6-5　SQLiteOpenHelper 使用；
- ◆ 任务 6-6　SharedPreferences 使用；
- ◆ 任务 6-7　ContentProvider 使用。

任务 6-1　文件存储操作

【任务目标】

设计与制作一个 Android 文件读写软件。

【任务描述】

读写任务界面与功能设计效果如图 6-1 所示。

图 6-1　文件存储操作任务

【任务分析】

软件采用线性布局，界面设计包含 1 个 EditText、2 个 TextView、3 个 Button。其中 EditText 用于输入需要写入文件的内容；2 个 TextView 分别用于显示读取文件的内容和显示文件的路径；3 个 Button 分别完成写入文件、读取文件、获取文件路径的操作。

【任务实施】

1. 设计软件界面

创建一个【Android Application Project】，将该项目命名为“filedemo”。编写主界面 xml 代码，在项目“filedemo”中双击打开主界面程序“activity_main.xml”，在代码编辑窗口输入对应程序代码，完成界面代码的编写。

```
<LinearLayout xmlns:android="http://schemas.android.com/apk/res/android"
```

```
    xmlns:tools="http://schemas.android.com/tools"
    android:layout_width="fill_parent"
    android:layout_height="fill_parent"
    android:orientation="vertical" >
    <EditText android:id="@+id/edittext"
        android:layout_width="fill_parent"
        android:layout_height="wrap_content"
        android:lines="3"
        android:text="请填写内容" />
    <Button android:id="@+id/button_write"
        android:layout_width="fill_parent"
        android:layout_height="wrap_content"
        android:text="写入文件"/>
    <Button android:id="@+id/button_read"
        android:layout_width="fill_parent"
        android:layout_height="wrap_content"
        android:text="读取文件"/>
    <TextView android:id="@+id/textview_filecontent"
        android:layout_width="fill_parent"
        android:layout_height="100px"
        android:text="文件内容为：" />
    <Button android:id="@+id/button_fileroad"
        android:layout_width="fill_parent"
        android:layout_height="wrap_content"
        android:text="获取文件绝对路径"/>
    <TextView android:id="@+id/textview_fileroad"
        android:layout_width="fill_parent"
        android:layout_height="100px"
        android:text="文件路径为：" />
</LinearLayout>
```

2. 编写功能代码

双击打开 src 目录中的“MainActivity.java”程序，在代码编辑窗口输入对应程序代码，完成功能代码的编写。

```
public class MainActivity extends Activity {
    @Override
    public void onCreate(Bundle savedInstanceState) {
        super.onCreate(savedInstanceState);
        setContentView(R.layout.activity_main);
        final EditText edittext =
          (EditText) findViewById(R.id.edittext);
        Button button_write =
          (Button) findViewById(R.id.button_write);
        Button button_read =
          (Button) findViewById(R.id.button_read);
```

```
        Button button_fileroad =
          (Button) findViewById(R.id.button_fileroad);
        final TextView textview_filecontent =
          (TextView) findViewById(R.id.textview_filecontent);
        final TextView textview_fileroad =
          (TextView) findViewById(R.id.textview_fileroad);
        button_write.setOnClickListener(new OnClickListener() {
            @Override
            public void onClick(View v) {
                String content = edittext.getText().toString();
                try {
                    FileOutputStream fileoutputstream =

    MainActivity.this.openFileOutput("test.txt",MODE_APPEND);
                    if(content!=null){
fileoutputstream.write(content.getBytes(),0,content.getBytes().length);
                    }
                    fileoutputstream.close();
                } catch (FileNotFoundException e) {
                    e.printStackTrace();
                } catch (IOException e) {
                    e.printStackTrace();
                }

            }
        });
        button_read.setOnClickListener(new OnClickListener() {
            @Override
            public void onClick(View v) {
                StringBuilder stringbuilder = new StringBuilder();
                try {
                    FileInputStream fileinputstream =
                      MainActivity.this.openFileInput("test.txt");
                    byte[] buffer = new byte[1024];
                    int length = 0;
                    while((length=fileinputstream.read(buffer))!=-1){
                        stringbuilder.append(new String(buffer,0,length));
                    }
                    textview_filecontent.setText("读取文件内容："
                            +stringbuilder.toString());
                } catch (FileNotFoundException e) {
                    e.printStackTrace();
                } catch (IOException e) {
                    e.printStackTrace();
                }

            }
        });
button_fileroad.setOnClickListener(new OnClickListener() {
            @Override
```

```
            public void onClick(View v) {
                String absolutepath =
MainActivity.this.getFileStreamPath("test.txt").getAbsolutePath();
                textview_fileroad.setText("文件路径为: "+absolutepath);
            }
        });
    }
}
```

3. 运行效果

文件存储任务运行效果如图 6-2 所示。

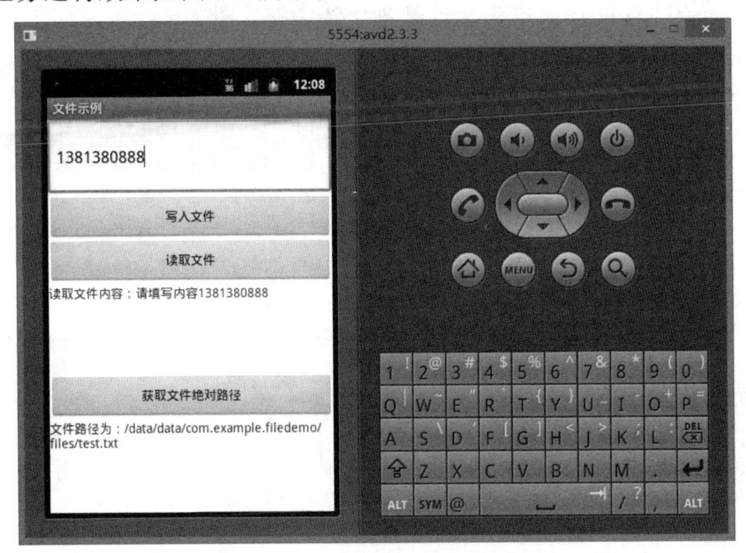

图 6-2　文件存储任务运行效果

【技术知识】

知识点 1：认识 Android 中的文件存储

在 Android 系统中，文件操作仍然沿用 Java 的文件操作，不同的是 Android 文件操作分内部存储和外部存储。Android 系统提供了一个 openFileOutput()方法来读写应用在内部存储空间上的文件，下面是一个向文件中写入文本的示例代码：

```
String filename = "myfile";
String string = "Hello world!";
FileOutputStream outputStream;
try{
  outputStream = openFileOutput(filename, Context.MODE_PRIVATE);
  outputStream.write(string.getBytes());
  outputStream.close();
} catch(Exception e) {
    e.printStackTrace();
}
```

知识点 2：Android 的内部存储路径

在 Android 系统中，有个 data 文件夹存放着重要的内部存储数据，当打开 data 文件夹之后，里边有两个文件夹值得关注。一个文件夹是 app 文件夹，还有一个文件夹就是 data 文件夹。app 文件夹里存放着所有安装的 apk 文件。另一个重要的文件夹就是 data 文件夹了，这个文件夹里边都是一些包名，打开这些包名之后用户会看到这样的一些文件：

（1）data/data/包名/shared_prefs；

（2）data/data/包名/databases；

（3）data/data/包名/files；

（4）data/data/包名/cache。

数据库文件就存储于 databases 文件夹中，文件数据存储在 files 中，缓存文件存储在 cache 文件夹中。一般而言，存储在这里的文件都称之为内部存储。

```
//获取当前程序路径 应用在内存上的目录:/data/data/com.mufeng.toolproject/files
        String filesDir = context.getFilesDir().toString();
        System.out.println("context.getFilesDir()=:" + filesDir);
//应用的在内存上的缓存目录 :/data/data/com.mufeng.toolproject/cache
        String cacheDir = context.getCacheDir().toString();
        System.out.println("context.getCacheDir()=:" + cacheDir);
//获取该程序的安装包路径 :/data/app/com.mufeng.toolproject-3.apk
        String packageResourcePath = context.getPackageResourcePath();
              System.out.println("context.getPackageResourcePath()=:" +
packageResourcePath);
//获取程序默认数据库路径:/data/data/com.mufeng.toolproject/databases/mufeng
        String databasePat = context.getDatabasePath("mufeng").toString();
        System.out.println("context.getDatabasePath(\"mufeng\")=:"+databasePat);
```

【实战训练】

创建一个 Android 应用程序项目，完成如图 6-3 所示的文件读写器软件的设计，编程实现其文件读写操作。

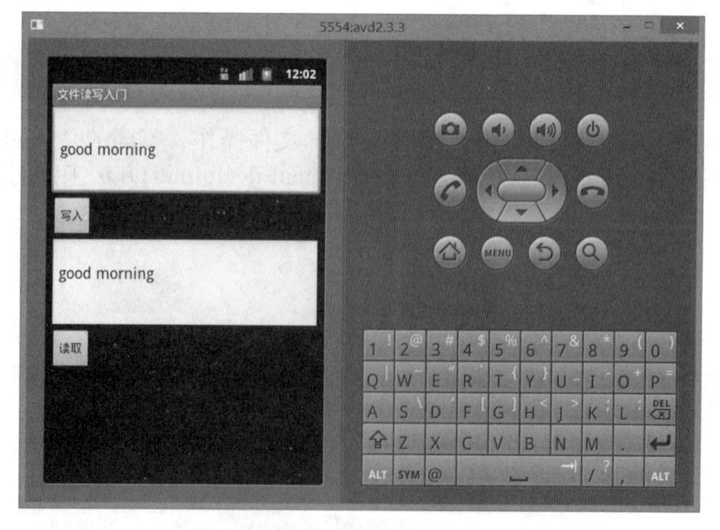

图 6-3　文件存储操作实战训练

任务 6-2　SD 卡文件读写

【任务目标】

设计与制作一个 Android SD 卡文件读写器。

【任务描述】

读写器任务界面和功能设计效果如图 6-4 所示。

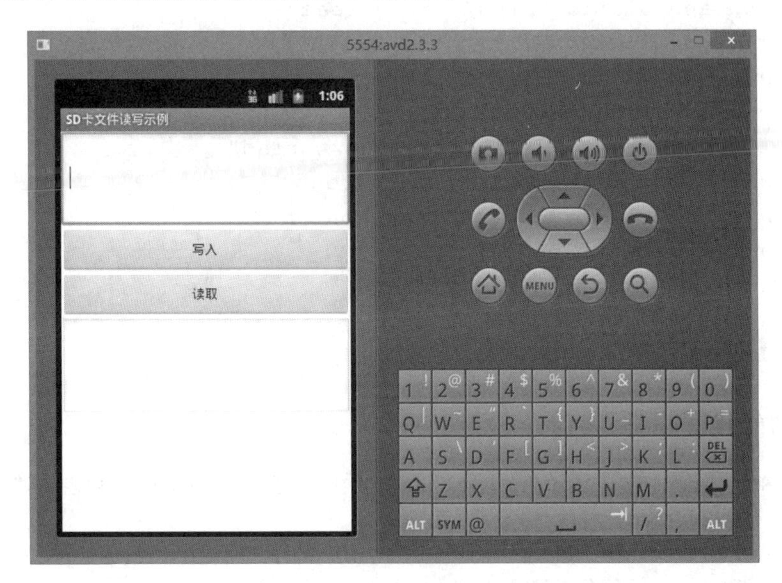

图 6-4　SD 卡文件读写任务

【任务分析】

SD 卡文件读写器界面设计包括 2 个 Button 和 2 个 EditText。功能设计为界面上方的 EditText 用于输入需要文字内容，界面下方的 EditText 用于输出 SD 卡文件的内容。2 个 Button 分别用于实现 SD 卡文件写入和 SD 卡文件读取功能。

【任务实施】

1. 设计软件界面

创建一个【Android Application Project】，将该项目命名为“sddemo”。编写主界面 xml 代码，在项目“sddemo”中双击打开主界面程序“activity_main.xml”，在代码编辑窗口输入对应程序代码，完成界面代码的编写。

```
<LinearLayout xmlns:android="http://schemas.android.com/apk/res/android"
    xmlns:tools="http://schemas.android.com/tools"
    android:layout_width="fill_parent"
```

```
    android:layout_height="fill_parent"
    android:orientation="vertical" >
    <EditText android:id="@+id/edittext_write"
        android:layout_width="fill_parent"
        android:layout_height="wrap_content"
        android:lines="4" />
    <Button android:id="@+id/button_write"
        android:layout_width="fill_parent"
        android:layout_height="wrap_content"
        android:text="写入" />
    <Button android:id="@+id/button_read"
        android:layout_width="fill_parent"
        android:layout_height="wrap_content"
        android:text="读取" />
    <EditText android:id="@+id/edittext_read"
        android:layout_width="fill_parent"
        android:layout_height="wrap_content"
        android:editable="false"
        android:cursorVisible="false"
        android:lines="4" />
</LinearLayout>
```

2. 编写功能代码

双击打开 src 目录中的“MainActivity.java”程序，在代码编辑窗口输入对应程序代码，完成功能代码的编写。

```
public class MainActivity extends Activity {
    final String FILE_NAME = "/test.bin";
    @Override
    public void onCreate(Bundle savedInstanceState) {
        super.onCreate(savedInstanceState);
        setContentView(R.layout.activity_main);
        Button button_write = (Button) findViewById(R.id.button_write);
        Button button_read = (Button) findViewById(R.id.button_read);
        final EditText edittext_write =
          (EditText) findViewById(R.id.edittext_write);
        final EditText edittext_read =
          (EditText) findViewById(R.id.edittext_read);
        button_write.setOnClickListener(new OnClickListener() {
            @Override
            public void onClick(View v) {
                write(edittext_write.getText().toString());
                edittext_write.setText("");
            }
        });
        button_read.setOnClickListener(new OnClickListener() {
            @Override
            public void onClick(View v) {
```

```
                edittext_read.setText(read());
            }
        });
    }
    private String read(){
        try{
            // 如果手机插入了 SD 卡，而且应用程序具有访问 SD 的权限
            if (Environment.getExternalStorageState().equals(
                    Environment.MEDIA_MOUNTED))   {
                // 获取 SD 卡对应的存储目录
                File sdCardDir =
                    Environment.getExternalStorageDirectory();
                // 获取指定文件对应的输入流
                FileInputStream fis = new FileInputStream(
                    sdCardDir.getCanonicalPath() + FILE_NAME);
                // 将指定输入流包装成 BufferedReader
                BufferedReader br = new BufferedReader(new
                    InputStreamReader(fis));
                StringBuilder sb = new StringBuilder("");
                String line = null;
                // 循环读取文件内容
                while ((line = br.readLine()) != null){
                    sb.append(line);
                }
                // 关闭资源
                br.close();
                return sb.toString();
            }
        } catch (Exception e){
            e.printStackTrace();
        }
        return null;
    }
    private void write(String content){
        try{
            // 如果手机插入了 SD 卡，而且应用程序具有访问 SD 的权限
            if (Environment.getExternalStorageState().equals(
                Environment.MEDIA_MOUNTED)){
                // 获取 SD 卡的目录
                File sdCardDir =
                    Environment.getExternalStorageDirectory();
                File targetFile = new File(sdCardDir.getCanonicalPath()
                    + FILE_NAME);
                // 以指定文件创建 RandomAccessFile 对象
                RandomAccessFile raf = new RandomAccessFile(
                    targetFile, "rw");
                // 将文件记录指针移动到最后
```

```
                raf.seek(targetFile.length());
                // 输出文件内容
                raf.write(content.getBytes());
                // 关闭 RandomAccessFile
                raf.close();
            }
        } catch (Exception e){
            e.printStackTrace();
        }
    }
}
```

3. 注册 SD 操作权限

双击打开项目“sddemo”中的“AndroidManifest.xml”文件，在代码编辑窗口输入对应程序代码，完成 SD 读写权限的注册。

```
<manifest xmlns:android="http://schemas.android.com/apk/res/android"
    package="com.example.sddemo"
    android:versionCode="1"
    android:versionName="1.0" >
    <uses-sdk
        android:minSdkVersion="8"
        android:targetSdkVersion="15" />
    <application
        android:icon="@drawable/ic_launcher"
        android:label="@string/app_name"
        android:theme="@style/AppTheme" >
        <activity
            android:name=".MainActivity"
            android:label="@string/title_activity_main" >
            <intent-filter>
               <action android:name="android.intent.action.MAIN" />
               <category android:name="android.intent.category.LAUNCHER"/>
            </intent-filter>
        </activity>
    </application>
    <!-- 在 SD 卡中创建与删除文件权限 -->
    <uses-permission
      android:name="android.permission.MOUNT_UNMOUNT_FILESYSTEMS"/>
    <!-- 向 SD 卡写入数据权限 -->
    <uses-permission
      android:name="android.permission.WRITE_EXTERNAL_STORAGE"/>
</manifest>
```

4. 运行效果

SD 卡文件读写器运行效果如图 6-5 所示。

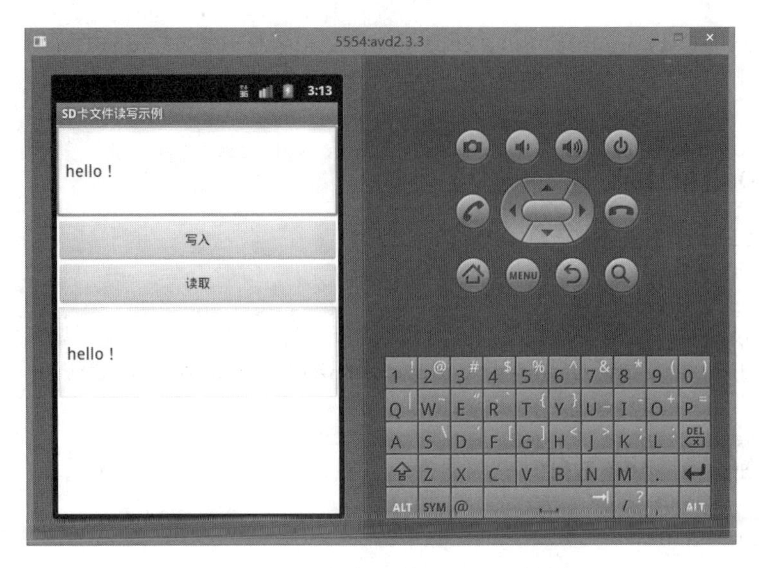

图 6-5　SD 卡文件读写器运行效果

【技术知识】

知识点 1：认识 Android 中 SD 卡的文件读写

由于手机本身的存储空间有限，因此需要把一些大容量文件如视频、音频等存储到 SD 卡中。在 Android 系统中对 SD 卡进行文件操作，可以遵循以下一些方法。

首先如果要在程序中使用 sdcard 进行存储，用户必须要在 AndroidManifset.xml 文件进行如下权限设置：

```
<!-- SDCard 中创建与删除文件权限 -->
<uses-permission android:nam e=
    "android.permission.MOUNT_UNMOUNT_FILESYSTEMS"/>
<!-- 向 SDCard 写入数据权限 -->
<uses-permission android:name =
    "android.permission.WRITE_EXTERNAL_STORAGE"/>
```

接着在使用 SDcard 进行读写的时候，需要知道 Environment 类下面的几个静态方法：

（1）getDataDirectory()：获取到 Android 中的 data 数据目录。

（2）getDownloadCacheDirectory()：获取到下载的缓存目录。

（3）getExternalStorageDirectory()：获取到外部存储的目录“/storage/sdcard0”。

（4）getExternalStorageState()：获取外部设置的当前状态一般指 SDcard，比较常用的应该是 MEDIA_MOUNTED（SDcard 存在并且可以进行读写）还有其他的一些状态，可以在文档中进行查找。

（5）getRootDirectory()：获取到 Android Root 路径。

知识点 2：SD 卡文件读写的常用操作

1. 判断 SD 卡是否存在

```
public static boolean isSdCardExist() {
```

```
    return Environment.getExternalStorageState().equals(
            Environment.MEDIA_MOUNTED);
}
```

2. 获取 SD 卡根目录

```
public static String getSdCardPath() {
    boolean exist = isSdCardExist();
    String sdpath = "";
    if (exist) {
        sdpath = Environment.getExternalStorageDirectory()
                .getAbsolutePath();
    } else {
        sdpath = "不适用";
    }
    return sdpath;
}
```

3. 获取默认的文件存放路径

```
public static String getDefaultFilePath() {
    String filepath = "";
    File file = new File(Environment.getExternalStorageDirectory(),
            "abc.txt");
    if (file.exists()) {
        filepath = file.getAbsolutePath();
    } else {
        filepath = "不适用";
    }
    return filepath;
}
```

4. 使用 FileInputStream 读取文件

```
try {
le file = new File(Environment.getExternalStorageDirectory(),
"test.txt");
    FileInputStream is = new FileInputStream(file);
    byte[] b = new byte[inputStream.available()];
    is.read(b);
    String result = new String(b);
    System.out.println("读取成功："+result);
} catch (Exception e) {
    e.printStackTrace();
}
```

5. 使用 BufferReader 读取文件

```
try {
    File file = new File(Environment.getExternalStorageDirectory(),
```

```
        DEFAULT_FILENAME);
    BufferedReader br = new BufferedReader(new FileReader(file));
    String readline = "";
    StringBuffer sb = new StringBuffer();
    while ((readline = br.readLine()) != null) {
        System.out.println("readline:" + readline);
        sb.append(readline);
    }
    br.close();
    System.out.println("读取成功：" + sb.toString());
} catch (Exception e) {
    e.printStackTrace();
}
```

6. 使用 FileOutputStream 写入文件

```
try {
    File file = new File(Environment.getExternalStorageDirectory(),
            DEFAULT_FILENAME);
        FileOutputStream fos = new FileOutputStream(file);
        String info = "I am a chinanese!";
            fos.write(info.getBytes());
            fos.close();
    System.out.println("写入成功：");
} catch (Exception e) {
    e.printStackTrace();
}
```

7. 使用 BufferedWriter 写入文件

```
try {
    File file = new File(Environment.getExternalStorageDirectory(),
            DEFAULT_FILENAME);
    //第二个参数意义是说是否以 append 方式添加内容
    BufferedWriter bw = new BufferedWriter(new FileWriter(file, true));
    String info = " hey, yoo,bitch";
    bw.write(info);
    bw.flush();
    System.out.println("写入成功");
} catch (Exception e) {
    e.printStackTrace();
}
```

实战训练】

编程实现如图 6-6 所示的 Android 应用软件的 SD 卡文件读写功能。

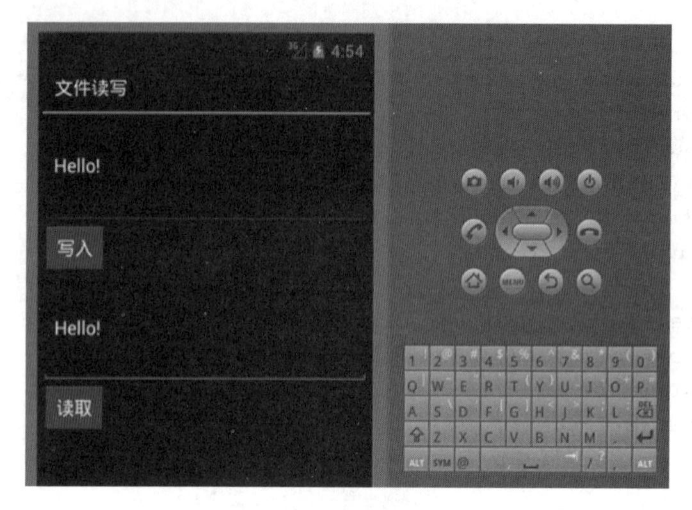

图 6-6　SD 卡文件读写实战训练

任务 6-3　SD 卡文件浏览器制作

【任务目标】

设计与制作一个 SD 卡文件浏览器。

【任务描述】

SD 卡文件浏览器的界面与功能设计效果如图 6-7 所示。

图 6-7　SD 卡文件浏览器任务

【任务分析】

SD 卡文件浏览器的主界面设计采用线性布局设计，包括 1 个 TextView、1 个 ListView

和 1 个 Button。其中 TextView 用于显示当前的目录，ListView 用于显示当前目录下的文件和文件夹，Button 用于实现返回上一级目录的功能。

【任务实施】

1. 设计软件界面

创建一个【Android Application Project】，将该项目命名为“sdfiledemo”。编写主界面 xml 代码，在项目“sdfiledemo”中双击打开主界面程序“activity_main.xml”，在代码编辑窗口输入对应程序代码，完成界面代码的编写。

```
<LinearLayout xmlns:android="http://schemas.android.com/apk/res/android"
    xmlns:tools="http://schemas.android.com/tools"
    android:layout_width="fill_parent"
    android:layout_height="fill_parent"
    android:orientation="vertical" >
    <TextView android:id="@+id/textviewpath"
       android:layout_width="fill_parent"
       android:layout_height="wrap_content" />
    <ListView android:id="@+id/listview"
       android:layout_width="wrap_content"
       android:layout_height="wrap_content" />
    <Button android:id="@+id/button"
       android:layout_width="fill_parent"
       android:layout_height="wrap_content"
       android:text="返回上一级目录" />
</LinearLayout>
```

2. 设计列表界面

由于软件界面上设置了 ListView 界面，因此需要设计一个 ListView 界面。在项目“sdfiledemo”中“layout”文件夹里创建一个 layout 界面文件，命名为“listview_file.xml”，效果如图 6-8 所示。

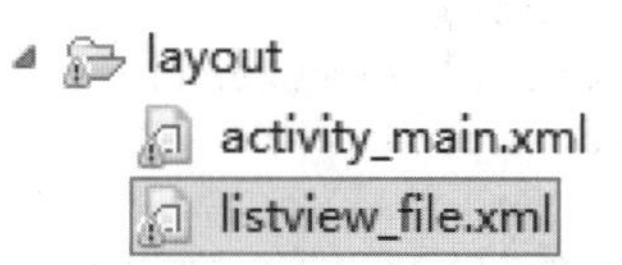

图 6-8 创建列表界面 listview_file.xml

3. 编写列表界面代码

双击打开文件“listview_file.xml”，在代码编辑窗口输入对应程序代码，完成界面代码的编写。

```
<?xml version="1.0" encoding="utf-8"?>
```

```
<LinearLayout xmlns:android="http://schemas.android.com/apk/res/android"
    android:layout_width="fill_parent"
    android:layout_height="fill_parent"
    android:orientation="horizontal" >
    <ImageView android:id="@+id/imageview"
        android:layout_width="40dp"
        android:layout_height="40dp"
        android:paddingLeft="10dp" />
    <TextView android:id="@+id/textviewfilename"
        android:layout_width="wrap_content"
        android:layout_height="wrap_content"
        android:gravity="center_vertical"
        android:textSize="16dp"
        android:paddingLeft="10dp"
        android:paddingTop="10dp"
        android:paddingBottom="10dp" />
</LinearLayout>
```

4. 编写功能代码

双击打开 src 目录中的“MainActivity.java”程序，在代码编辑窗口输入对应程序代码，完成功能代码的编写。

```
public class MainActivity extends Activity {
    File currentParent;
    File[] currentFiles;
    ListView listview;
    TextView textviewpath;
    @Override
    public void onCreate(Bundle savedInstanceState) {
        super.onCreate(savedInstanceState);
        setContentView(R.layout.activity_main);
        listview = (ListView) findViewById(R.id.listview);
        textviewpath = (TextView) findViewById(R.id.textviewpath);
        Button button = (Button) findViewById(R.id.button);
        File root = new File("mnt/sdcard/");
        if(root.exists()){
        currentParent = root;
        currentFiles = root.listFiles();
        showListView(currentFiles);
        }
        listview.setOnItemClickListener(new OnItemClickListener() {
            @Override
            public void onItemClick(AdapterView<?> parent,
              View view, int position, long id) {
               if(currentFiles[position].isFile()){return;}
               File[] files = currentFiles[position].listFiles();
               if(files == null || files.length == 0){
                   Toast.makeText(MainActivity.this,
                           "当前路径不可访问或该路径下没有文件",
                           Toast.LENGTH_SHORT).show();
```

```
            }else{
                currentParent = currentFiles[position];
                currentFiles = files;
            showListView(currentFiles);
            }
        }
    });
    button.setOnClickListener(new OnClickListener() {
        @Override
        public void onClick(View v) {
            try {
if(!currentParent.getCanonicalPath().equals("mnt/sdcard/")){
                    currentParent = currentParent.getParentFile();
                    currentFiles = currentParent.listFiles();
                showListView(currentFiles);
                }
            } catch (IOException e) {
                e.printStackTrace();
            }

        }
    });
}
public void showListView(File[] files){
List<Map<String,Object>> listitems =
        new ArrayList<Map<String,Object>>();
for(int i=0;i<files.length;i++){
    Map<String,Object> item = new HashMap<String, Object>();
    if(files[i].isDirectory()){
        item.put("fileicon", R.drawable.ic_action_search);
    }else{
        item.put("fileicon", R.drawable.ic_launcher);
    }
    item.put("filename", files[i].getName());
    listitems.add(item);
}
SimpleAdapter adapter = new SimpleAdapter(
        this,
        listitems,
        R.layout.listview_file,
        new String[]{"fileicon","filename"},
        new int[]{R.id.imageview,R.id.textviewfilename});
listview.setAdapter(adapter);
try {
        textviewpath.setText("当前路径为："
                +currentParent.getCanonicalPath());
    } catch (IOException e) {
        e.printStackTrace();
    }
}
}
```

【技术知识】

知识点 1：调用系统自带的文件浏览器

在 Android 开发中，制作文件浏览器还可以调用系统自带的文件浏览器中的功能。下面程序代码调用了系统自带的文件浏览器中的文件选择功能。代码示例如下：

```
private void showFileChooser() {
  intent = new Intent(Intent.ACTION_GET_CONTENT);
  intent.setType("*/*");
  intent.addCategory(Intent.CATEGORY_OPENABLE);
  try {
    startActivityForResult(Intent.createChooser(intent, "请选择一个文件"),
        FILE_SELECT_CODE);
  } catch (android.content.ActivityNotFoundException ex) {
    Toast.makeText(getActivity(), "请安装文件管理器",
       Toast.LENGTH_SHORT).show();
  }
}
```

知识点 2：返回的文件数据处理

对上面选择的文件数据，可以使用如下程序对返回的文件数据进行处理。

```
@Override
public void onActivityResult(int requestCode, int resultCode, Intent data) {
  if (resultCode == Activity.RESULT_OK) {
    Uri uri = data.getData();
    String url;
    try {
      url = FFileUtils.getPath(getActivity(), uri);
      Log.i("ht", "url" + url);
      String fileName = url.substring(url.lastIndexOf("/") + 1);
      intent = new Intent(getActivity(), UploadServices.class);
      intent.putExtra("fileName", fileName);
      intent.putExtra("url", url);
      intent.putExtra("type ", "");
      intent.putExtra("fuid", "");
      intent.putExtra("type", "");
      getActivity().startService(intent);
    } catch (URISyntaxException e) {
      e.printStackTrace();
    }
  }
  super.onActivityResult(requestCode, resultCode, data);
}
```

【实战训练】

编程实现如图 6-9 所示的 Android 应用软件的功能。

图 6-9　SD 卡文件浏览器实战训练

任务 6-4　SQLite 数据库操作

【任务目标】

设计并实现一个 SQLite 数据库操作演示软件。

【任务描述】

数据库操作演示任务的界面和功能设计效果如图 6-10 所示。

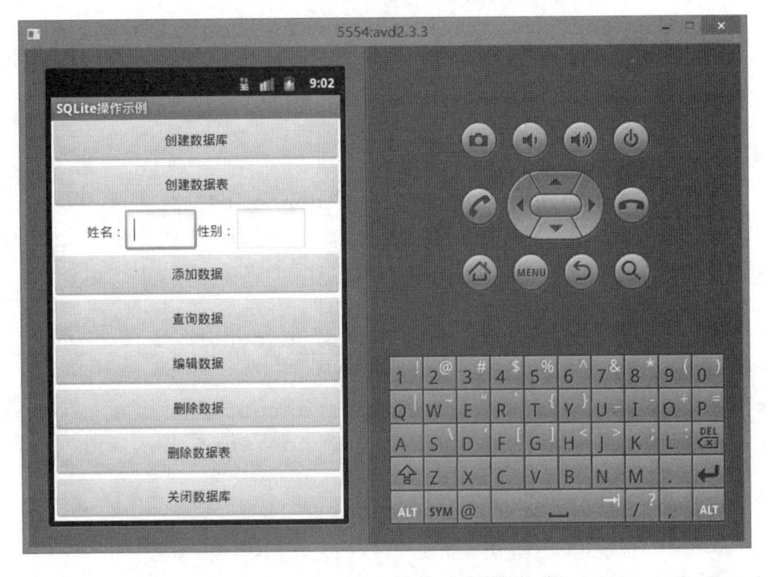

图 6-10　SQLite 数据库操作任务

【任务分析】

本任务演示了对 SQLite 数据库的整个基本操作流程。程序界面由 8 个 Button、2 个

EditText、2 个 TextView 构成，采用线性布局设计。其中 8 个 Button 分别实现了创建数据库、创建数据表、添加数据、查询数据、修改数据、删除数据、删除数据表、关闭数据库等数据库的基本操作功能。

【任务实施】

1. 设计软件界面

创建一个【Android Application Project】，将该项目命名为“sqlitedemo”。编写主界面 xml 代码，在项目“sqlitedemo”中双击打开主界面程序“activity_main.xml”，在代码编辑窗口输入对应程序代码，完成界面代码的编写。

```
<LinearLayout xmlns:android="http://schemas.android.com/apk/res/android"
    xmlns:tools="http://schemas.android.com/tools"
    android:layout_width="fill_parent"
    android:layout_height="fill_parent"
    android:orientation="vertical" >
    <Button android:id="@+id/btn_createdb"
       android:layout_width="fill_parent"
       android:layout_height="wrap_content"
       android:text="创建数据库" />
    <Button android:id="@+id/btn_createtable"
       android:layout_width="fill_parent"
       android:layout_height="wrap_content"
       android:text="创建数据表" />
    <LinearLayout android:orientation="horizontal"
       android:layout_width="fill_parent"
       android:layout_height="wrap_content"
       android:gravity="center" >
       <TextView android:text="姓名: "
          android:layout_width="wrap_content"
          android:layout_height="wrap_content" />
       <EditText android:id="@+id/edt_name"
          android:layout_width="150px"
          android:layout_height="wrap_content" />
       <TextView android:text="性别: "
          android:layout_width="wrap_content"
          android:layout_height="wrap_content" />
       <EditText android:id="@+id/edt_gender"
          android:layout_width="150px"
          android:layout_height="wrap_content" />
    </LinearLayout>
    <Button android:id="@+id/btn_insert"
       android:layout_width="fill_parent"
       android:layout_height="wrap_content"
       android:text="添加数据" />
```

```
    <Button android:id="@+id/btn_query"
        android:layout_width="fill_parent"
        android:layout_height="wrap_content"
        android:text="查询数据" />
    <Button android:id="@+id/btn_update"
        android:layout_width="fill_parent"
        android:layout_height="wrap_content"
        android:text="编辑数据" />
    <Button android:id="@+id/btn_delete"
        android:layout_width="fill_parent"
        android:layout_height="wrap_content"
        android:text="删除数据" />
    <Button android:id="@+id/btn_killtable"
        android:layout_width="fill_parent"
        android:layout_height="wrap_content"
        android:text="删除数据表" />
    <Button android:id="@+id/btn_closedb"
        android:layout_width="fill_parent"
        android:layout_height="wrap_content"
        android:text="关闭数据库" />
    <Button android:id="@+id/btn_killdb"
        android:layout_width="fill_parent"
        android:layout_height="wrap_content"
        android:text="删除数据库" />
</LinearLayout>
```

2. 编写功能代码

双击打开 src 目录中的“MainActivity.java”程序，在代码编辑窗口输入对应程序代码，完成功能代码的编写。

```
public class MainActivity extends Activity {
    private SQLiteDatabase sqlitedb;
    @Override
    public void onCreate(Bundle savedInstanceState) {
        super.onCreate(savedInstanceState);
        setContentView(R.layout.activity_main);
        Button btn_createdb = (Button)findViewById(R.id.btn_createdb);
        Button btn_createtable =
            (Button)findViewById(R.id.btn_createtable);
        Button btn_insert = (Button)findViewById(R.id.btn_insert);
        Button btn_query = (Button)findViewById(R.id.btn_query);
        Button btn_update = (Button)findViewById(R.id.btn_update);
        Button btn_delete = (Button)findViewById(R.id.btn_delete);
        Button btn_killtable = (Button)findViewById(R.id.btn_killtable);
        Button btn_closedb = (Button)findViewById(R.id.btn_closedb);
        Button btn_killdb = (Button)findViewById(R.id.btn_killdb);
```

```
        final EditText edt_name = (EditText)findViewById(R.id.edt_name);
        final EditText edt_gender =
           (EditText)findViewById(R.id.edt_gender);
        btn_createdb.setOnClickListener(new OnClickListener() {
            @Override
            public void onClick(View v) {
                sqlitedb = MainActivity.this.openOrCreateDatabase(
                        "sqlitedemo.db", MODE_PRIVATE, null);
            }
        });
        btn_createtable.setOnClickListener(new OnClickListener() {
            @Override
            public void onClick(View v) {
                sqlitedb.execSQL(
                        "create table userinfo(" +
                        "id integer primary key, " +
                        "name text, gender text)");
            }
        });
        btn_insert.setOnClickListener(new OnClickListener() {
            @Override
            public void onClick(View v) {
                sqlitedb.execSQL("insert into " +
                        "userinfo(name,gender) values('bob','456')");
                ContentValues values = new ContentValues();
                values.put("name", edt_name.getText().toString());
                values.put("gender", edt_gender.getText().toString());
                sqlitedb.insert("userinfo", null, values);
            }
        });
        btn_query.setOnClickListener(new OnClickListener() {
            @Override
            public void onClick(View v) {
                String[] whereargs = {String.valueOf(1)};
                Cursor cursor = sqlitedb.query("userinfo", null,
                        "id=?", whereargs, null, null, null);
                if(cursor.moveToFirst()){
                    for(int i=0;i<cursor.getCount();i++){
                        cursor.move(i);
    edt_name.setText(cursor.getString(1).toString());
    edt_gender.setText(cursor.getString(2).toString());
                    }
                }
                cursor.close();
            }
```

```
        });
        btn_update.setOnClickListener(new OnClickListener() {
            @Override
            public void onClick(View v) {
                ContentValues values = new ContentValues();
                values.put("name", edt_name.getText().toString());
                values.put("gender", edt_gender.getText().toString());
                String whereClause = "id=?";
                String[] whereArgs = {String.valueOf(1)};
                sqlitedb.update("userinfo", values,
                      whereClause, whereArgs);
            }
        });
        btn_delete.setOnClickListener(new OnClickListener() {
            @Override
            public void onClick(View v) {
                String[] whereArgs = {String.valueOf(2)};
                sqlitedb.delete("userinfo","id=?",whereArgs);
            }
        });
        btn_killtable.setOnClickListener(new OnClickListener() {
            @Override
            public void onClick(View v) {
                sqlitedb.execSQL("drop table userinfo");
            }
        });
        btn_closedb.setOnClickListener(new OnClickListener() {
            @Override
            public void onClick(View v) {
                sqlitedb.close();
            }
        });
        btn_killdb.setOnClickListener(new OnClickListener() {
            @Override
            public void onClick(View v) {
                MainActivity.this.deleteDatabase("sqlitedemo.db");
            }
        });
    }
}
```

3. 运行效果

运行程序测试，效果如图 6-11 所示。

图 6-11　SQLite 数据库操作运行效果

【技术知识】

知识点 1：认识 SQLite

SQLite 是一款轻型的数据库，是遵守 ACID 的关联式数据库管理系统，它的设计目标是嵌入式的，而且目前已经在很多嵌入式产品中使用了它，它占用资源非常的低，在嵌入式设备中，可能只需要几百 K 的内存就够了。它能够支持 Windows/Linux/Unix 等主流的操作系统，同时能够跟很多主流程序语言相结合，比如 Java、C++、C#等。并且数据处理速度比较快。

知识点 2：SQLite 数据类型

SQLite 具有以下几种常用的数据类型：

（1）NULL：这个值为空值。

（2）VARCHAR(n)：长度不固定且其最大长度为 n 的字串，n 不能超过 4 000。

（3）CHAR(n)：长度固定为 n 的字串，n 不能超过 254。

（4）INTEGER：值被标识为整数，依据值的大小可以依次被存储为 1、2、3、4、5、6、7、8。

（5）REAL：所有值都是浮动的数值，被存储为 8 字节的 IEEE 浮动标记序号。

（6）TEXT：值为文本字符串，使用数据库编码存储。

（7）BLOB：值是 BLOB 数据块，以输入的数据格式进行存储，即如何输入就如何存储，不改变格式。

（8）DATA：包含了年份、月份、日期。

（9）TIME：包含了小时、分钟、秒。

知识点 3：SQLiteDatabase 介绍

SQLiteDatabase 代表一个数据库对象，提供了操作数据库的一些方法。SQLiteDatabase 的常用方法见表 6-1。

表 6-1　SQLiteDatabase 常用方法

方法名称	描　述
openOrCreateDatabase(String path, SQLiteDatabase.CursorFactory factory)	打开或创建数据库
insert(String table,String nullColumnHack, ContentValues values)	插入一条记录
delete(String table,String whereClause, String[] whereArgs)	删除一条记录
query(String table,String[] columns,String selection, String[] selectionArgs,String groupBy,String having, String orderBy)	查询一条记录
update(String table,ContentValues values,String whereClause, String[]　whereArgs)	修改记录
execSQL(String sql)	执行一条 SQL 语句
close()	关闭数据库

【实战训练】

编程实现如图 6-12 所示的 Android 应用软件项目的功能。

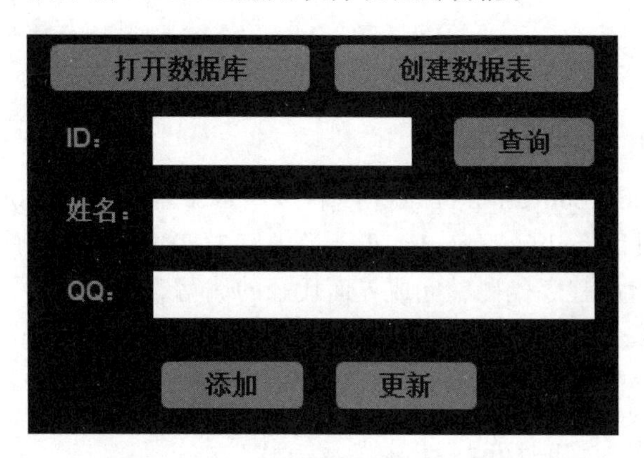

图 6-12　SQLite 数据库操作实战训练

任务 6-5　SQLiteOpenHelper 使用

【任务目标】

使用 SQLiteOpenHelper 实现对 SQLite 数据库的操作。

【任务描述】

任务的界面和功能设计效果如图 6-13 所示。

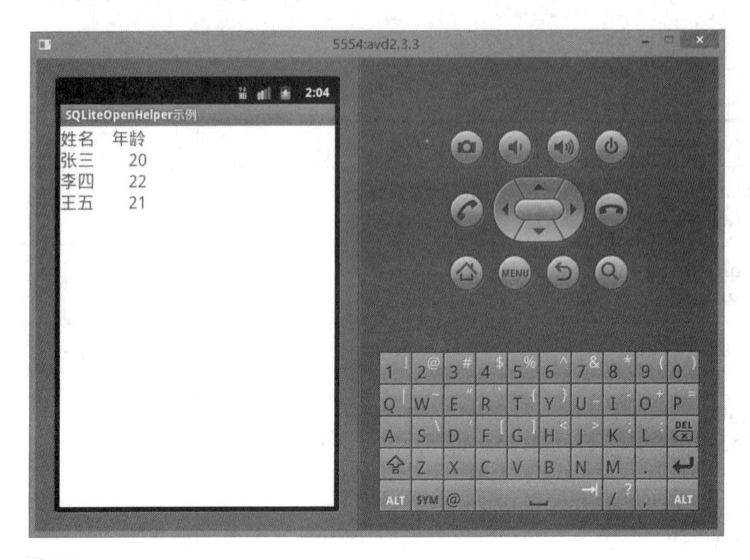

图 6-13 SQLiteOpenHelper 任务

【任务分析】

程序界面非常简单，采用线性布局设计，只设置 1 个 TextView。TextView 用于显示对数据库查询结构数据的显示。

【任务实施】

1. 设计软件界面

创建一个【Android Application Project】，将该项目命名为“sqliteopenhelperdemo”。编写主界面 xml 代码，在项目“sqliteopenhelperdemo”中双击打开主界面程序“activity_main.xml”，在代码编辑窗口输入对应程序代码，完成界面代码的编写。

```
<LinearLayout xmlns:android="http://schemas.android.com/apk/res/android"
    xmlns:tools="http://schemas.android.com/tools"
    android:layout_width="fill_parent"
    android:layout_height="fill_parent"
    android:orientation="vertical" >
    <TextView android:id="@+id/textview"
        android:layout_width="fill_parent"
        android:layout_height="wrap_content" />
</LinearLayout>
```

2. 编写 SQLiteOpenHelper 辅助类

创建一个 Java 类，命名为“MySQLiteOpenHelper”，使该类继承于 SQLiteOpenHelper 类。

双击打开 src 目录中新创建的“MySQLiteOpenHelper.java”程序，在代码编辑窗口输入对应程序代码，完成 MySQLiteOpenHelper 类的编写。

```
public class MySQLiteOpenHelper extends SQLiteOpenHelper {
    /**
     * 调用父类构造器
     **/
    public MySQLiteOpenHelper(Context context, String name,
            CursorFactory factory, int version) {
        super(context, name, factory, version);
    }
    /**
    * 当数据库首次创建时执行该方法，一般将创建表等初始化操作放在该方法中执行.
    * 重写 onCreate 方法，调用 execSQL 方法创建表
    **/
    @Override
    public void onCreate(SQLiteDatabase db) {
    db.execSQL("create table if not exists user_info("
            + "id integer primary key,"
            + "name varchar,"
            + "age integer)");
    }
    /**
    * 当打开数据库时传入的版本号与当前的版本号不同时会调用该方法
    **/
    @Override
    public void onUpgrade(SQLiteDatabase db, int oldVersion, int newVersion){
    }
}
```

3. 编写功能代码

双击打开 src 目录中的“MainActivity.java”程序，在代码编辑窗口输入对应程序代码，完成功能代码的编写。

```
public class MainActivity extends Activity {
    MySQLiteOpenHelper mysqliteopenhelper;
    @Override
    public void onCreate(Bundle savedInstanceState) {
        super.onCreate(savedInstanceState);
        setContentView(R.layout.activity_main);
        TextView textview = (TextView)findViewById(R.id.textview);
        //创建 MySQLiteOpenHelper 辅助类对象
        mysqliteopenhelper=new MySQLiteOpenHelper(this,"user.db",null,1);
        //向数据库中插入数据
//          insertData(mysqliteopenhelper);
        //向数据库中更新数据
        updateData(mysqliteopenhelper);
```

```
        //查询数据
        String result = queryData(mysqliteopenhelper);
        textview.setTextColor(Color.RED);
        textview.setTextSize(20.0f);
        textview.setText("姓名\t 年龄\n"+result);
    }
    /**
    * 向数据库中添加数据
    */
    public void insertData(MySQLiteOpenHelper myhelper){
        //获取数据库对象
        SQLiteDatabase db = myhelper.getWritableDatabase();
        //使用 execSQL 方法向表中插入数据
        db.execSQL("insert into user_info(name,age) values('张三',20)");
        //使用 insert 方法向表中插入数据
        ContentValues values = new ContentValues();
        values.put("name", "李四");
        values.put("age", 20);
        //调用方法插入数据
        db.insert("user_info", "id", values);
        //关闭 SQLiteDatabase 对象
        db.close();
    }
    /**
    * 向数据库中更新数据
    */
    public void updateData(MySQLiteOpenHelper myhelper){
        SQLiteDatabase db = myhelper.getWritableDatabase();
        ContentValues values = new ContentValues();
        values.put("name", "李四");
        values.put("age", 22);
        //使用 update 方法更新表中的数据
        db.update("user_info", values, "id = 2", null);
        db.close();
    }
    /**
    * 向数据库中查询数据
    */
    public String queryData(MySQLiteOpenHelper mysqliteopenhelper){
        String result = "";
        //获得数据库对象
        SQLiteDatabase db = mysqliteopenhelper.getReadableDatabase();
        //查询表中的数据
        Cursor cursor = db.query("user_info", null, null, null, null, null, "id asc");
        //获取 name 列的索引
```

```
        int nameIndex = cursor.getColumnIndex("name");
        //获取 age 列的索引
        int ageIndex = cursor.getColumnIndex("age");
for (cursor.moveToFirst();!(cursor.isAfterLast());cursor.moveToNext()){
            result = result + cursor.getString(nameIndex)+ "\t\t";
            result = result + cursor.getInt(ageIndex)+"       \n";
        }
        cursor.close();//关闭结果集
        db.close();//关闭数据库对象
        return result;
    }
    @Override
    protected void onDestroy() {
    SQLiteDatabase db = mysqliteopenhelper.getWritableDatabase();//获取
数据库对象
        //删除 user_info 表中所有的数据 传入 1 表示删除所有行-->点击 back 按钮
        db.delete("user_info", "1", null);
        super.onDestroy();
    }
}
```

【技术知识】

知识点 1：认识 SQLiteOpenHelper

SQLiteOpenHelper 类是 SQLiteDatabase 一个辅助类。这个类主要生成一个数据库，并对数据库的版本进行管理。当在程序当中调用这个类的方法 getWritableDatabase()或者 getReadableDatabase()方法的时候，如果当时没有数据，那么 Android 系统就会自动生成一个数据库。SQLiteOpenHelper 是一个抽象类，通常需要创建一个类继承它，并且实现里面的 3 个函数：

（1）onCreate(SQLiteDatabase)：在数据库第一次生成的时候会调用这个方法，也就是说，只有在创建数据库的时候才会调用，当然也有一些其他的情况，一般可在这个方法里边生成数据库表。

（2）onUpgrade(SQLiteDatabase，int，int)：当数据库需要升级的时候，Android 系统会主动的调用这个方法。一般可在这个方法里边删除数据表，并建立新的数据表，当然是否还需要做其他的操作，完全取决于应用的需求。

（3）onOpen(SQLiteDatabase)：这是当打开数据库时的回调函数，一般不常使用。

知识点 2：使用 adb 命令查看数据库

（1）在命令行窗口输入 adb shell 回车，进入了命令行，就可以使用 adb 命令了。

（2）ls 回车，显示所有的东西，其中有个 data。

（3）cd data 回车，再 ls 回车，cd data 回车，ls 回车后就会看到很多的应用程序包名，找到数据库程序的包名，然后进入。

（4）进去后在查看所有，会看到有 databases,进入 databases，显示所有就会发现数据库名字。

（5）sqlite3 dbname 回车就进入了该数据库，然后“.schema”就会看到该应用程序的所有表及建表语句。

（6）之后就可以使用标准的 SQL 语句查看刚才生成的数据库及对数据执行增删改查了。

在 SQLite 中常用到的 adb 命令：

（1）查　看

.database 显示数据库信息；

.tables 显示表名称；

.schema 命令可以查看创建数据表时的 SQL 命令；

.schema table_name 查看创建表 table_name 时的 SQL 的命令。

（2）插入记录

insert into table_name values (field1, field2, field3...);

（3）查询记录

select * from table_name;查看 table_name 表中所有记录；

select * from table_name where field1='xxxxx'; 查询符合指定条件的记录；

（4）删除数据

drop table_name;　　　删除表；

drop index_name;　　　删除索引。

【实战训练】

编程完成如图 6-14 所示的 Android 生词本应用软件的实现。

图 6-14　SQLiteOpenHelper 实战训练

任务 6-6　SharedPreferences 使用

【任务目标】

设计与制作一个随机数生成器。

【任务描述】

随机数生成器界面和功能设计效果如图 6-15 所示。

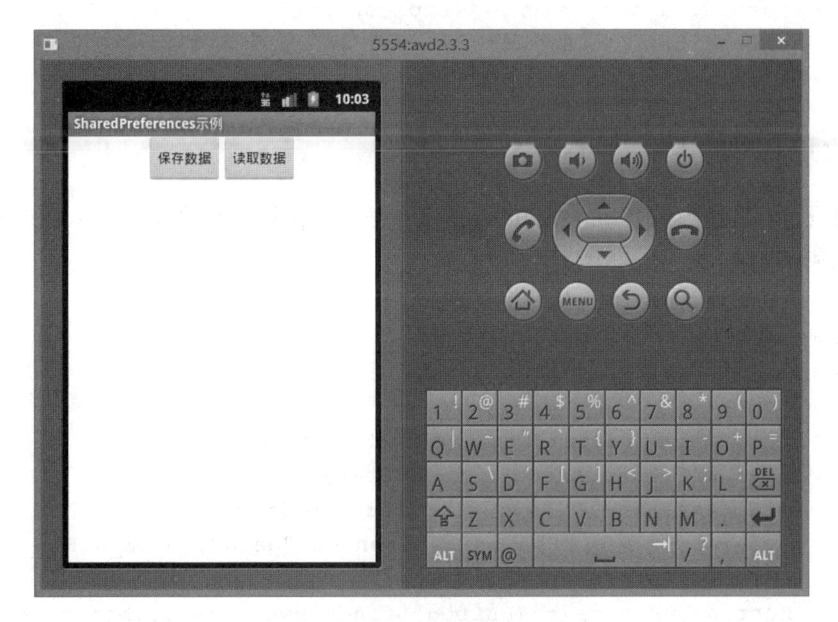

图 6-15　SharedPreferences 任务

【任务分析】

随机数生成器界面设计包含 2 个 Button，采用水平线性布局设计。其中“保存数据”按钮用于存入随机数和随机数产生的时间，“读取数据”按钮用于读取保存的随机数和时间并显示出来。

【任务实施】

1. 设计软件界面

创建一个【Android Application Project】，将该项目命名为“sharedpreferencesdemo”。编写主界面 xml 代码，在项目“sharedpreferencesdemo”中双击打开主界面程序“activity_main.xml”，在代码编辑窗口输入对应程序代码，完成界面代码的编写。

```
<LinearLayout xmlns:android="http://schemas.android.com/apk/res/android"
    xmlns:tools="http://schemas.android.com/tools"
```

```
    android:layout_width="fill_parent"
    android:layout_height="fill_parent"
    android:orientation="horizontal"
    android:gravity="center_horizontal" >
    <Button android:id="@+id/btn_save"
        android:layout_width="wrap_content"
        android:layout_height="wrap_content"
        android:text="保存数据" />
    <Button android:id="@+id/btn_read"
        android:layout_width="wrap_content"
        android:layout_height="wrap_content"
        android:text="读取数据" />
</LinearLayout>
```

2. 编写功能代码

双击打开 src 目录中的“MainActivity.java”程序，在代码编辑窗口输入对应程序代码，完成功能代码的编写。

```
public class MainActivity extends Activity {
    SharedPreferences preferences;
    SharedPreferences.Editor editor;
    @Override
    public void onCreate(Bundle savedInstanceState) {
        super.onCreate(savedInstanceState);
        setContentView(R.layout.activity_main);
        preferences = getSharedPreferences("data", MODE_WORLD_READABLE);
         editor = preferences.edit();
         Button btn_save = (Button) findViewById(R.id.btn_save);
         Button btn_read = (Button) findViewById(R.id.btn_read);
         btn_save.setOnClickListener(new OnClickListener() {
            @Override
            public void onClick(View v) {
                SimpleDateFormat sdf = new SimpleDateFormat(
                        "yyyy年MM月dd日 " + "hh:mm:ss");
                // 存入当前时间
                editor.putString("time", sdf.format(new Date()));
                // 存入一个随机数
                editor.putInt("random", (int) (Math.random() * 100));
                // 提交所有存入的数据
                editor.commit();
            }
        });
        btn_read.setOnClickListener(new OnClickListener() {
            @Override
            public void onClick(View v) {
                // 读取字符串数据
```

```
                String time = preferences.getString("time", null);
                // 读取 int 类型的数据
                int randNum = preferences.getInt("random", 0);
                String result = time == null ? "您暂时还未写入数据" :
                  "写入时间为：" + time + "\n上次生成的随机数为：" + randNum;
                // 使用 Toast 提示信息
                Toast.makeText(MainActivity.this,
                        result, Toast.LENGTH_SHORT).show();
            }
        });
    }
}
```

3. 运行程序测试

SharedPreferences 任务运行效果如图 6-16 所示。

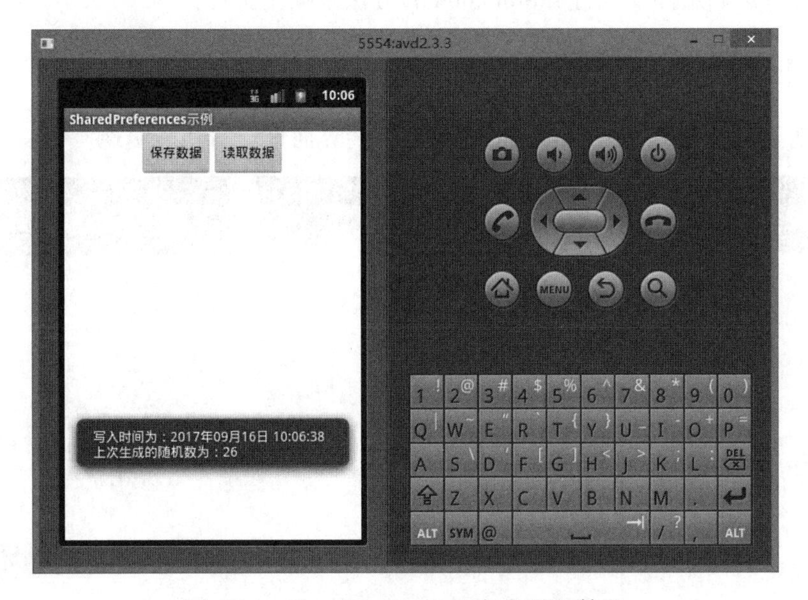

图 6-16　SharedPreferences 任务运行效果

【技术知识】

知识点 1：认识 SharedPreferences

SharePreferences 是用来存储一些简单配置信息的一种机制，使用 Map 数据结构来存储数据，以键值对的方式存储，采用了 xml 格式将数据存储到设备中。例如保存登录用户的账号和密码。它只能在同一个包内使用，不能在不同的包之间使用。即只能在创建它的应用中使用，其他应用无法使用。它创建的存储文件保存在/data/data/<package name>/shares_prefs 文件夹下。

知识点 2：SharedPreferences 使用方法

（1）通过 Context.getSharedPreferences 方法获取 SharedPreferences 对象，参数分别为存储的文件名和存储模式。例如：

```
// 获取 SharedPreferences 对象
SharedPreferences sp = getSharedPreferences(DATABASE, Activity.MODE_PRIVATE);
```

（2）SharePreferences 存储数据是通过获取 Editor 编辑器对象来操作的。例如：

```
// 获取 Editor 对象
Editor editor = sp.edit();
```

（3）插入数据：调用 Editor.putxxx 方法，两个参数分别为键和值。

（4）获取数据：调用 Editor.getxxx 方法，两个参数分别为键和不存在指定键时的默认值。

（5）删除数据：调用 Editor.remove 方法，参数为指定的键。

（6）清空所有数据：调用 Editor.clear 方法。

（7）所有方法调用都要执行 Editor.commit 方法来提交实现。

【实战训练】

编程实现如图 6-17 所示的 Android 应用软件的界面设计与功能实现。

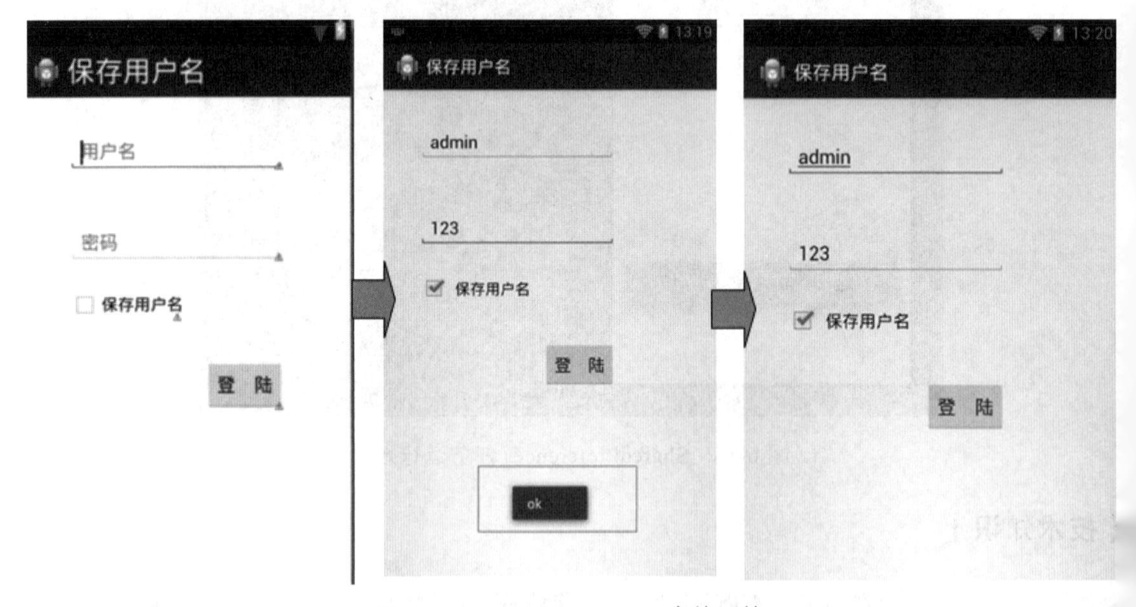

图 6-17　SharedPreferences 实战训练

任务 6-7　ContentProvider 使用

【任务目标】

使用 ContentProvider 实现程序数据的共享。

【任务描述】

程序数据共享任务界面和功能设计效果如图 6-18 所示。

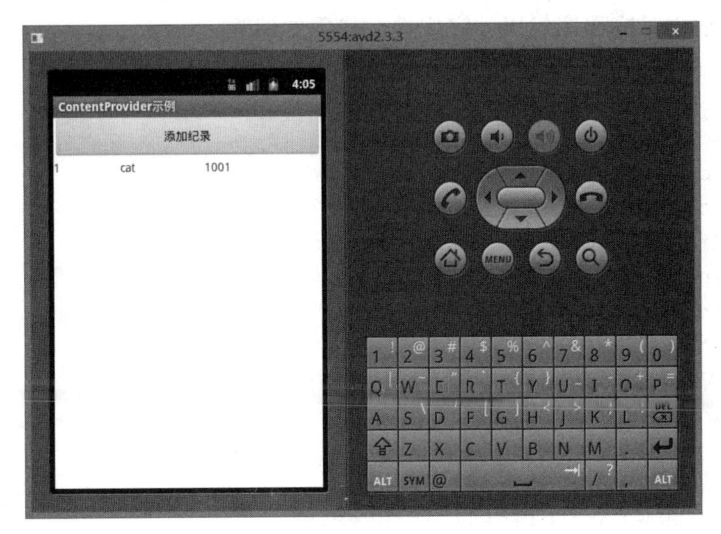

图 6-18　ContentProvider 任务

【任务分析】

本任务完成一个数据添加的界面设计和功能实现。界面设计为 1 个 Button 和 1 个 ListView，采用垂直线性布局设计。当点击“添加记录”按钮，则将程序中设定的数据添加到指定的数据表中，并将数据在 ListView 中显示出来。

【任务实施】

1. 设计软件界面

创建一个【Android Application Project】，将该项目命名为“contentproviderdemo”。编写主界面 xml 代码，在项目“contentproviderdemo”中双击打开主界面程序“activity_main.xml”，在代码编辑窗口输入对应程序代码，完成界面代码的编写。

```
<LinearLayout xmlns:android="http://schemas.android.com/apk/res/android"
    xmlns:tools="http://schemas.android.com/tools"
    android:layout_width="fill_parent"
    android:layout_height="fill_parent"
    android:orientation="vertical" >
    <Button android:id="@+id/button"
       android:layout_width="fill_parent"
       android:layout_height="wrap_content"
       android:text="添加纪录" />
    <ListView android:id="@+id/listview"
       android:layout_width="fill_parent"
       android:layout_height="wrap_content" />
</LinearLayout>
```

2. 创建列表界面

在 layout 文件夹中创建界面程序“listviewitem.xml”，双击打开界面程序“listviewitem.xml”，在代码编辑窗口输入对应程序代码，完成界面代码的编写。

```
<?xml version="1.0" encoding="utf-8"?>
<LinearLayout xmlns:android="http://schemas.android.com/apk/res/android"
    android:layout_width="fill_parent"
    android:layout_height="wrap_content"
    android:orientation="horizontal" >
    <TextView android:id="@+id/id"
         android:layout_width="80dip"
         android:layout_height="wrap_content"
         android:text="1" />
     <TextView android:id="@+id/username"
         android:layout_width="100dip"
         android:layout_height="wrap_content"
          android:text="tom" />
     <TextView android:id="@+id/userid"
         android:layout_width="fill_parent"
         android:layout_height="wrap_content"
          android:text="1000" />
</LinearLayout>
```

3. 编写 SQLiteOpenHelper 辅助类

创建一个 Java 类，命名为“MySQLiteOpenHelper”，使该类继承于 SQLiteOpenHelper 类。双击打开 src 目录中新创建的“MySQLiteOpenHelper.java”程序，在代码编辑窗口输入对应程序代码，完成 MySQLiteOpenHelper 类的编写。

```
public class MySQLiteOpenHelper extends SQLiteOpenHelper {
    private static final String DATABASE_NAME = "user.db"; //数据库名称
    private static final int DATABASE_VERSION = 1;//数据库版本
    public MySQLiteOpenHelper(Context context, String name,
          CursorFactory factory, int version) {
        super(context, name, factory, version);
    }
    public MySQLiteOpenHelper(Context context) {
        super(context, DATABASE_NAME, null, DATABASE_VERSION);
    }
    @Override
    public void onCreate(SQLiteDatabase db) {
        db.execSQL("CREATE TABLE userinfo (" +
                "_id integer primary key autoincrement, " +
                "username varchar(20), userid varchar(10))");
    }
    @Override
```

```
    public void onUpgrade(SQLiteDatabase db, int oldVersion, int newVersion) {
        db.execSQL("DROP TABLE IF EXISTS userinfo");
onCreate(db);
    }
}
```

4. 创建 DTO 类

创建一个 Java 类,命名为“UserinfoDto”。双击打开 src 目录中新创建的“UserinfoDto.java”程序，在代码编辑窗口输入对应程序代码，完成 UserinfoDto 类的编写。

```
public class UserinfoDto {
    private Integer _id;
    private String username;
    private String userid;
    public Integer get_id() {
        return _id;
    }
    public void set_id(Integer _id) {
        this._id = _id;
    }
    public String getUsername() {
        return username;
    }
    public void setUsername(String username) {
        this.username = username;
    }
    public String getUserid() {
        return userid;
    }
    public void setUserid(String userid) {
        this.userid = userid;
    }
}
```

5. 创建 DAO 类

创建一个 Java 类,命名为“UserinfoDao”。双击打开 src 目录中新创建的“UserinfoDao.java”程序，在代码编辑窗口输入对应程序代码，完成 UserinfoDao 类的编写。

```
public class UserinfoDao {
    private MySQLiteOpenHelper dbhelper;
    public UserinfoDao(Context context) {
        dbhelper=new MySQLiteOpenHelper(context);
    }
    public void insert(UserinfoDto userinfodto){
        SQLiteDatabase db=dbhelper.getWritableDatabase();
        db.execSQL("insert into userinfo(username,userid) values(?,?)",
```

```
            new Object[]{userinfodto.getUsername(),
            userinfodto.getUserid()});
    }
    public void delete(UserinfoDto userinfodto){
        SQLiteDatabase db=dbhelper.getWritableDatabase();
        db.execSQL("delete from userinfo where _id=?",
             new Object[]{userinfodto.get_id()});
    }
    public UserinfoDto query(UserinfoDto userinfodto){
        SQLiteDatabase db=dbhelper.getReadableDatabase();
        Cursor cursor=db.rawQuery("select * from userinfo where _id=?",
             new String[]{userinfodto.get_id().toString()});
        if(cursor.moveToFirst()){
             int id = cursor.getInt(cursor.getColumnIndex("_id"));
             String username=cursor.getString(cursor.getColumnIndex("username"));
             String userid = cursor.getString(cursor.getColumnIndex("userid"));
             userinfodto.set_id(id);
             userinfodto.setUsername(username);
             userinfodto.setUserid(userid);
             return userinfodto;
        }
        return null;
    }
    public List<UserinfoDto> queryAll(){
        SQLiteDatabase db=dbhelper.getReadableDatabase();
        List<UserinfoDto> users = new ArrayList<UserinfoDto>();
        Cursor cursor=db.rawQuery("select * from userinfo", null);
        while(cursor.moveToNext()){
        UserinfoDto userinfodto=new UserinfoDto();
        int id=cursor.getInt(cursor.getColumnIndex("_id"));
        String username=
           cursor.getString(cursor.getColumnIndex("username"));
        String userid=cursor.getString(cursor.getColumnIndex("userid"));
        userinfodto.set_id(id);
        userinfodto.setUsername(username);
        userinfodto.setUserid(userid);
        users.add(userinfodto);
        }
        return users;
    }
}
```

6. 编写 ContentProvider 类

创建一个 Java 类，命名为“UserinfoProvider”，使该类继承于 ContentProvider 类。双击打开 src 目录中新创建的“UserinfoProvider.java”程序，在代码编辑窗口输入对应程序代码，完成 UserinfoProvider 类的编写。

```
public class UserinfoProvider extends ContentProvider {
    private MySQLiteOpenHelper dbhelper;
    private static final UriMatcher MATCHER =
        new UriMatcher(UriMatcher.NO_MATCH);
    private static final int USERS = 1;
    private static final int USER = 2;
    static {
        MATCHER.addURI("com.example.contentproviderdemo", "userinfo", USERS);
        MATCHER.addURI("com.example.contentproviderdemo", "userinfo/#", USER);
    }
    @Override
    public int delete(Uri uri, String selection, String[] selectionArgs) {
        SQLiteDatabase db = dbhelper.getWritableDatabase();
        int count = 0;
        switch (MATCHER.match(uri)) {
        case USERS:
            count = db.delete("userinfo", selection, selectionArgs);
            return count;
        case USER:
            long id = ContentUris.parseId(uri);
            String where = "_id=" + id;
            if (selection != null && !"".equals(selection)) {
                where = selection + " and " + where;
            }
            count = db.delete("userinfo", where, selectionArgs);
            return count;
        default:
            throw new IllegalArgumentException("Unkwon Uri:" + uri.toString());
        }
    }
    @Override
    public String getType(Uri uri) {
        switch (MATCHER.match(uri)) {
        case USERS:
            return "vnd.android.cursor.dir/userinfo";
        case USER:
            return "vnd.android.cursor.item/userinfo";
        default:
            throw new IllegalArgumentException("Unkwon Uri:" + uri.toString());
        }
    }
    @Override
    public Uri insert(Uri uri, ContentValues values) {
        SQLiteDatabase db = dbhelper.getWritableDatabase();
        switch (MATCHER.match(uri)) {
```

```
    case USERS:
        // 特别说一下第二个参数是当 name 字段为空时，将自动插入一个 NULL。
        long rowid = db.insert("userinfo", "username", values);
        // 得到代表新增记录的 Uri
        Uri insertUri = ContentUris.withAppendedId(uri, rowid);
        this.getContext().getContentResolver().notifyChange(uri, null);
        return insertUri;
    default:
        throw new IllegalArgumentException("Unkwon Uri:" + uri.toString());
    }
}
@Override
public boolean onCreate() {
    this.dbhelper = new MySQLiteOpenHelper(this.getContext());
    return false;
}
@Override
public Cursor query(Uri uri, String[] projection,
        String selection, String[] selectionArgs,
        String sortOrder) {
    SQLiteDatabase db = dbhelper.getReadableDatabase();
    switch (MATCHER.match(uri)) {
    case USERS:
        return db.query("userinfo", projection, selection,
                selectionArgs, null, null, sortOrder);
    case USER:
        long id = ContentUris.parseId(uri);
        String where = "_id=" + id;
        if (selection != null && !"".equals(selection)) {
            where = selection + " and " + where;
        }
        return db.query("person", projection, where,
                selectionArgs, null, null, sortOrder);
    default:
        throw new IllegalArgumentException("Unkwon Uri:"
                + uri.toString());
    }
}
@Override
public int update(Uri uri, ContentValues values,
        String selection, String[] selectionArgs) {
     SQLiteDatabase db = dbhelper.getWritableDatabase();
    int count = 0;
    switch (MATCHER.match(uri)) {
    case USERS:
        count = db.update("person", values,
                selection, selectionArgs);
```

```
            return count;
        case USER:
            long id = ContentUris.parseId(uri);
            String where = "_id=" + id;
            if (selection != null && !"".equals(selection)) {
                where = selection + " and " + where;
            }
            count = db.update("person", values,
                    where, selectionArgs);
            return count;
        default:
            throw new IllegalArgumentException("Unkwon Uri:"
                    + uri.toString());
        }
    }
}
```

7. 编写功能代码

双击打开 src 目录中的“MainActivity.java”程序，在代码编辑窗口输入对应程序代码，完成功能代码的编写。

```
public class MainActivity extends Activity {
    @Override
    public void onCreate(Bundle savedInstanceState) {
        super.onCreate(savedInstanceState);
        setContentView(R.layout.activity_main);
        Button button = (Button) this.findViewById(R.id.button);
        ListView listview=(ListView) this.findViewById(R.id.listview);
        ContentResolver contentResolver = getContentResolver();
        Uri selectUri =
Uri.parse("content://com.example.contentproviderdemo/userinfo");
        Cursor cursor=contentResolver.query(selectUri, null, null, null,
null);
        SimpleCursorAdapter adapter = new SimpleCursorAdapter(this,
                R.layout.listviewitem, cursor,
                new String[]{"_id", "username", "userid"},
                new int[]{R.id.id, R.id.username, R.id.userid});
        listview.setAdapter(adapter);
        listview.setOnItemClickListener(new OnItemClickListener() {
            @Override
            public void onItemClick(AdapterView<?> parent, View view, int
position,
                    long id) {
                ListView lView = (ListView)parent;
                Cursor data = (Cursor)lView.getItemAtPosition(position);
                int _id = data.getInt(data.getColumnIndex("_id"));
```

```
                    Toast.makeText(MainActivity.this, _id+"",
Toast.LENGTH_SHORT).show();
                }
            });
            button.setOnClickListener(new OnClickListener() {
                @Override
                public void onClick(View v) {
                    ContentResolver contentResolver = getContentResolver();
                    Uri insertUri =
Uri.parse("content://com.example.contentproviderdemo/userinfo");
                    ContentValues values = new ContentValues();
                    values.put("username", "cat");
                    values.put("userid", "1001");
                    Uri uri = contentResolver.insert(insertUri, values);
                    Toast.makeText(MainActivity.this, "添加完成",
Toast.LENGTH_SHORT).show();
                }
            });
        }
    }
```

【技术知识】

知识点 1：认识 Content Provider

Content Provider 属于 Android 应用程序的组件之一，作为应用程序之间唯一的共享数据的途径，Content Provider 主要的功能就是存储并检索数据以及向其他应用程序提供访问数据的借口。

Android 系统为一些常见的数据类型(如音乐、视频、图像、手机通信录联系人信息等)内置了一系列的 Content Provider，这些都位于 android.provider 包下。持有特定的许可，可以在自己开发的应用程序中访问这些 Content Provider。

知识点 2：Content Provier 共享数据方式

让自己的数据和其他应用程序共享有两种方式：创建自己的 Content Provier（即继承自 ContentProvider 的子类）或者是将自己的数据添加到已有的 Content Provider 中去，后者需要保证现有的 Content Provider 和自己的数据类型相同且具有该 Content Provider 的写入权限。对于 Content Provider，最重要的就是数据模型（data model）和 URI。

1. 数据模型

Content Provider 将其存储的数据以数据表的形式提供给访问者，在数据表中每一行为一条记录，每一列为具有特定类型和意义的数据。每一条数据记录都包括一个“_ID”数值字段，改字段唯一标识一条数据。

2. URI

URI，每一个 Content Provider 都对外提供一个能够唯一标识自己数据集(data set)的公开 URI，如果一个 Content Provider 管理多个数据集，其将会为每个数据集分配一个独立的 URI。所有的 Content Provider 的 URI 都以“content://”开头，其中“content://”是用来标识数据是由 Content Provider 管理的 schema。

【实战训练】

编程完成如图 6-19 所示的 Android 应用程序的设计和功能实现。

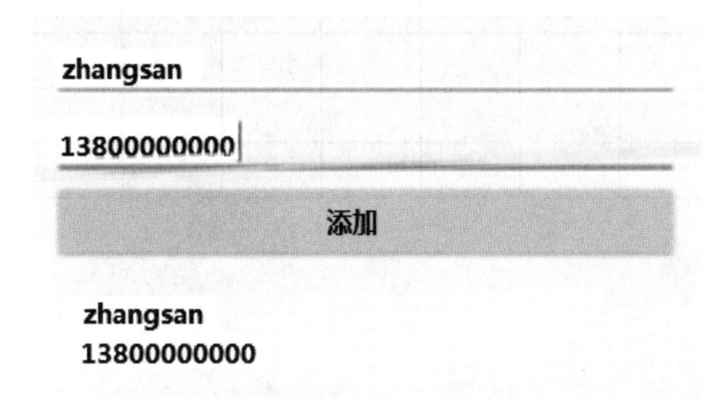

图 6-19　ContentProvider 实战训练

项目小结

本项目简要介绍了 Android 开发中的文件操作、SD 卡读写操作以及 SQLite 数据库的操作。着重介绍了对 SQLite 数据库的增删读写操作以及 SQLiteOpenHelper、SharedPreferences、ContentProvider 等数据库操作类的使用。

项目重点：熟练掌握 Android 系统中文件存储、SD 卡读写以及 SQLite 数据表的操作方法和技巧、熟练掌握 SQLiteOpenHelper、SharedPreferences、ContentProvider 等类的应用和程序编写。

考核评价

在本项目教学和实施过程中，教师和学生可以根据考核评价表 6-2 对各项任务进行考核评价。考核主要针对学生在技术内容、技能情况、技能实战训练的掌握程度和完成效果进行评价。

表 6-2　考核评价表

评价内容	评价标准									
	技术知识		技能训练		项目实战		完成效果		总体评价	
	个人评价	教师评价	个人评价	教师评价	个人评价	教师评价	个人评价	教师评价	个人评价	教师评价
任务 6-1										
任务 6-2										
任务 6-3										
任务 6-4										
任务 6-5										
任务 6-6										
任务 6-7										
存在问题与解决办法（应对策略）										
学习心得与体会分享										

项目 7　Android 综合项目实战

知识目标

- 认识 Android 日程管理软件项目开发流程及其开发技术；
- 了解 Android 信息管理系统开发的编程技术；
- 掌握 Android 界面设计与功能实现的技巧和方法。

技能目标

- 掌握 Android 日程管理软件的开发技术和应用；
- 会使用 Activity、SQLiteOpenHelper 等编写简易的 Android 信息管理应用程序；
- 能用 Activity 和 Android 数据库存储技术实现 Android 信息管理系统的开发。

任务导航

- 任务 7-1　日程管理项目界面设计；
- 任务 7-2　日程记录数据存取；
- 任务 7-3　日程显示功能实现；
- 任务 7-4　新建日程功能实现。

任务 7-1　日程管理项目界面设计

【任务目标】

使用 Eclipse IDE 完成 Android 日程管理软件界面的设计与制作。

【任务描述】

日程管理是智能手机中常用的 APP 软件，本项目将在前面任务学习和技能训练的基础上，讲解如何快速设计与编写一款应用于 Android 系统的日程管理 APP 软件。通过本次综合项目实战，进一步提升 Android 项目的开发实战能力和编程经验。

本日程管理软件是一款用于教学训练的简易日程管理软件，软件包含日程显示、新建日程、日程修改等三个主要功能。其中日程显示是软件的主界面，显示所有的日程安排记录；新建日程提供创建新日程的功能；日程修改提供了对指定日程安排记录的修改功能。

本任务将首先介绍如图 7-1 所示的日程管理软件项目的主要界面设计与制作。

图 7-1　日程管理软件

【任务分析】

本任务需要完成如图 7-2 所示的日程管理软件的 4 个界面设计与制作。

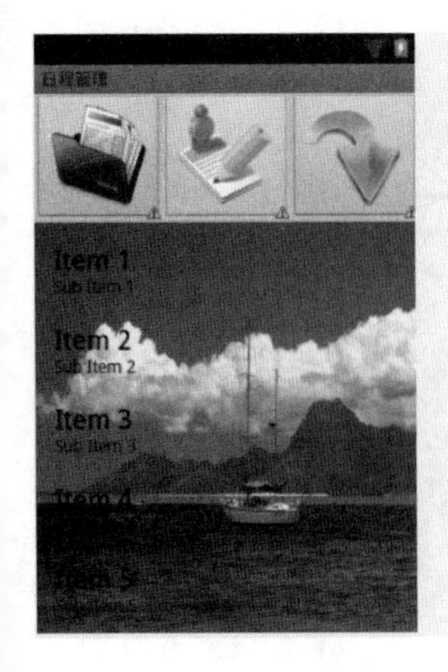

(a) 日程显示界面

(b) 日程记录界面

(c) 新建日程界面

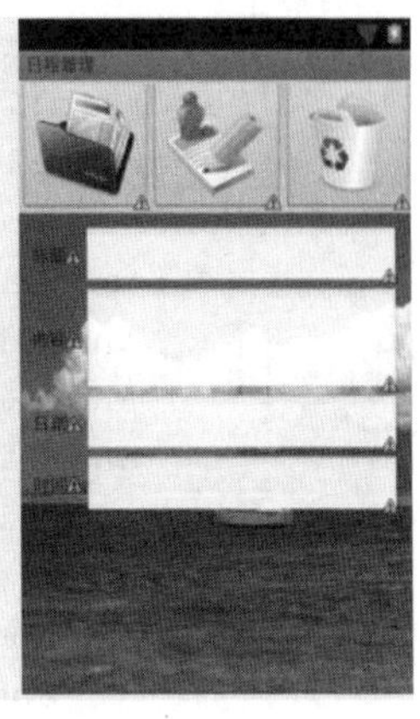

(d) 日程修改界面

图 7-2 日程管理软件界面设计

【任务实施】

(1) 创建 Android 日程管理软件项目。在 Eclipse IDE 中新建一个"Android Application Project",命名为"CaleApp",如图 7-3 所示。Package Name 为"com.android.caleapp",Build SDK 选择"Android 2.3.3 (API 10)",Activity Name 为"Main"。

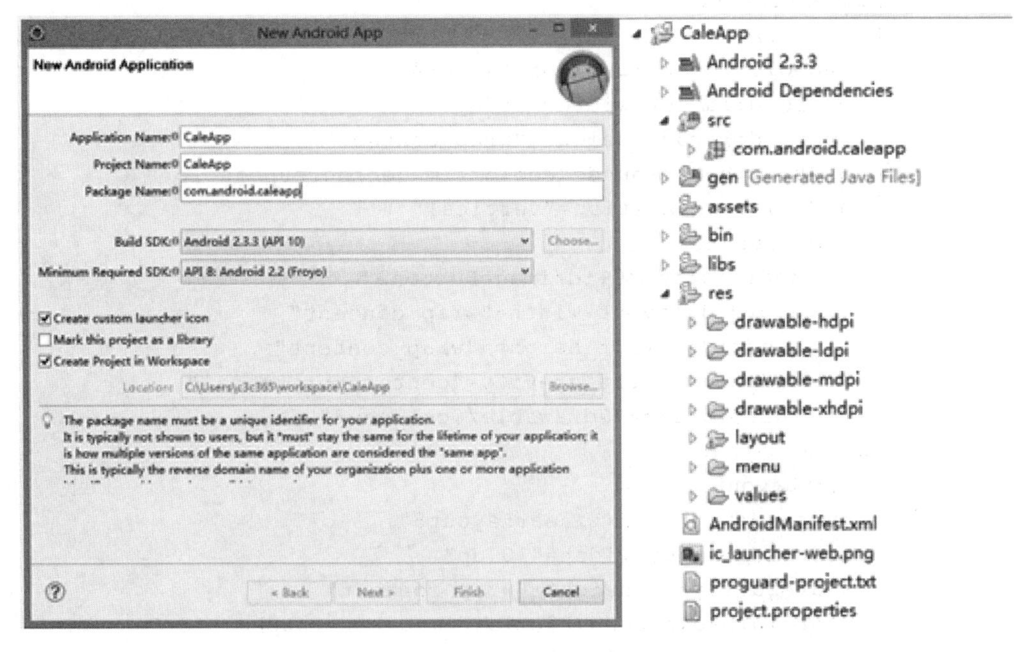

图 7-3 创建日程管理软件项目

(2) 制作日程显示界面在新建 CaleApp 项目的 layout 目录中,双击打开"main.xml"界面程序,在代码编辑窗口输入对应程序代码,完成界面制作。

```
<LinearLayout xmlns:android="http://schemas.android.com/apk/res/android"
    xmlns:tools="http://schemas.android.com/tools"
```

```
android:id="@+id/LinearLayout1"
android:layout_width="match_parent"
android:layout_height="match_parent"
android:orientation="vertical" >
<LinearLayout
    android:id="@+id/LinearLayout2"
    android:layout_width="match_parent"
    android:layout_height="wrap_content"
    android:orientation="horizontal" >
    <LinearLayout
        android:id="@+id/LinearLayout3"
        android:layout_width="107dp"
        android:layout_height="wrap_content"
        android:background="@color/imagebtngroupbgcolor"
        android:orientation="vertical" >
        <ImageButton
            android:id="@+id/imageButton1"
            android:layout_width="wrap_content"
            android:layout_height="wrap_content"
            android:layout_gravity="center_horizontal"
            android:src="@drawable/icon_order3" />
    </LinearLayout>
    <LinearLayout
        android:id="@+id/LinearLayout4"
        android:layout_width="107dp"
        android:layout_height="wrap_content"
        android:background="@color/imagebtngroupbgcolor"
        android:orientation="vertical" >
        <ImageButton
            android:id="@+id/imageButton2"
            android:layout_width="wrap_content"
            android:layout_height="wrap_content"
            android:layout_gravity="center_horizontal"
            android:src="@drawable/icon_new3" />
    </LinearLayout>
    <LinearLayout
        android:id="@+id/LinearLayout5"
        android:layout_width="107dp"
        android:layout_height="wrap_content"
        android:background="@color/imagebtngroupbgcolor"
        android:orientation="vertical" >
        <ImageButton
            android:id="@+id/imageButton3"
            android:layout_width="wrap_content"
            android:layout_height="wrap_content"
            android:layout_gravity="center_horizontal"
            android:src="@drawable/icon_quit3" />
```

```
        </LinearLayout>
    </LinearLayout>
    <LinearLayout
        android:layout_width="match_parent"
        android:layout_height="match_parent"
        android:background="@drawable/background3"
        android:orientation="vertical" >
        <ListView
            android:id="@+id/listView1"
            android:layout_width="match_parent"
            android:layout_height="wrap_content"
            android:padding="10dip">
        </ListView>
    </LinearLayout>
</LinearLayout>
```

（3）在 layout 目录中，创建一个新的 Android Layout XML File 文件“activity_main.xml”。双击打开“activity_main.xml”界面程序，在代码编辑窗口输入程序代码，完成日程记录界面制作。

```
<LinearLayout xmlns:android="http://schemas.android.com/apk/res/android"
    xmlns:tools="http://schemas.android.com/tools"
    android:id="@+id/LinearLayout1"
    android:layout_width="match_parent"
    android:layout_height="wrap_content"
    android:orientation="vertical" >
    <LinearLayout
        android:layout_width="fill_parent"
        android:layout_height="match_parent"
        android:orientation="horizontal" >
        <TextView
            android:id="@+id/textView1"
            android:layout_width="246dp"
            android:layout_height="wrap_content"
            android:text="TextView"
            android:textSize="20dip" />
    <LinearLayout
        android:layout_width="75dp"
        android:layout_height="match_parent"
        android:orientation="vertical" >
        <TextView
            android:id="@+id/textView2"
            android:layout_width="match_parent"
            android:layout_height="wrap_content"
            android:text="TextView"
            android:textSize="10dip" />
        <TextView
            android:id="@+id/textView3"
```

```
            android:layout_width="match_parent"
            android:layout_height="wrap_content"
            android:text="TextView"
            android:textSize="10dip" />
    </LinearLayout>
    </LinearLayout>
</LinearLayout>
```

（4）在 com.android.caleapp 包中，创建一个 Activity 类“AddDiary”，并将 Layout Name 设置为“add_activity”，如图 7-4 所示。

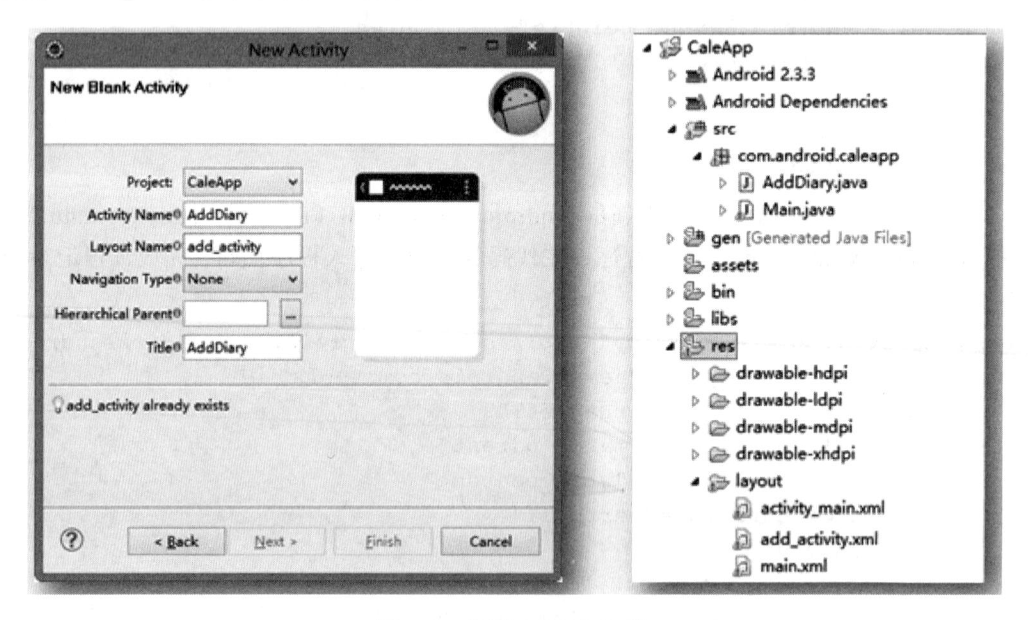

图 7-4　创建 AddDiary 类

（5）在 layout 目录中双击打开“add_activity.xml”界面程序，在代码编辑窗口输入程序代码，完成新建日程界面制作。

```
<LinearLayout xmlns:tools="http://schemas.android.com/tools"
    android:id="@+id/LinearLayout1"
    android:layout_width="match_parent"
    android:layout_height="match_parent"
    android:orientation="vertical"
    xmlns:android="http://schemas.android.com/apk/res/android">
     <LinearLayout
        android:id="@+id/LinearLayout2"
        android:layout_width="match_parent"
        android:layout_height="wrap_content"
        android:orientation="horizontal" >
        <LinearLayout
            android:id="@+id/LinearLayout3"
            android:layout_width="107dp"
            android:layout_height="wrap_content"
            android:background="@color/imagebtngroupbgcolor"
```

```
        android:orientation="vertical" >
        <ImageButton
            android:id="@+id/imageButton1"
            android:layout_width="wrap_content"
            android:layout_height="wrap_content"
            android:layout_gravity="center_horizontal"
            android:src="@drawable/icon_order3" />
    </LinearLayout>
    <LinearLayout
        android:id="@+id/LinearLayout4"
        android:layout_width="107dp"
        android:layout_height="wrap_content"
        android:background="@color/imagebtngroupbgcolor"
        android:orientation="vertical" >
        <ImageButton
            android:id="@+id/imageButton2"
            android:layout_width="wrap_content"
            android:layout_height="wrap_content"
            android:layout_gravity="center_horizontal"
            android:src="@drawable/icon_new3" />
    </LinearLayout>
    <LinearLayout
        android:id="@+id/LinearLayout5"
        android:layout_width="107dp"
        android:layout_height="wrap_content"
        android:background="@color/imagebtngroupbgcolor"
        android:orientation="vertical" >
        <ImageButton
            android:id="@+id/imageButton3"
            android:layout_width="wrap_content"
            android:layout_height="wrap_content"
            android:layout_gravity="center_horizontal"
            android:src="@drawable/icon_quit3" />
    </LinearLayout>
</LinearLayout>
<LinearLayout
    android:id="@+id/LinearLayout6"
    android:layout_width="match_parent"
    android:layout_height="match_parent"
    android:background="@drawable/background3"
    android:orientation="vertical"
    android:padding="10dip">
    <LinearLayout
        android:id="@+id/LinearLayout7"
        android:layout_width="match_parent"
        android:layout_height="wrap_content" >
        <TextView
            android:id="@+id/textView1"
            android:layout_width="wrap_content"
            android:layout_height="wrap_content"
            android:text="标题：" />
        <EditText
            android:id="@+id/editText1"
```

```
            android:layout_width="wrap_content"
            android:layout_height="wrap_content"
            android:layout_weight="1"
            android:ems="10"
            android:inputType="text"
            android:lines="1"
            android:scrollHorizontally="true" />
    </LinearLayout>
    <LinearLayout
        android:id="@+id/LinearLayout8"
        android:layout_width="match_parent"
        android:layout_height="wrap_content" >
        <TextView
            android:id="@+id/textView2"
            android:layout_width="wrap_content"
            android:layout_height="wrap_content"
            android:text="内容：" />
        <EditText
            android:id="@+id/editText2"
            android:layout_width="wrap_content"
            android:layout_height="wrap_content"
            android:layout_weight="1"
            android:ems="10"
            android:inputType="textMultiLine"
            android:lines="3" />
    </LinearLayout>
    <LinearLayout
        android:id="@+id/LinearLayout9"
        android:layout_width="match_parent"
        android:layout_height="wrap_content" >
        <TextView
            android:id="@+id/textView3"
            android:layout_width="wrap_content"
            android:layout_height="wrap_content"
            android:text="日期：" />
        <EditText
            android:id="@+id/editText3"
            android:layout_width="match_parent"
            android:layout_height="wrap_content"
            android:ems="10"
            android:freezesText="true" />
    </LinearLayout>
    <LinearLayout
        android:id="@+id/LinearLayout10"
        android:layout_width="match_parent"
        android:layout_height="wrap_content" >
        <TextView
            android:id="@+id/textView4"
            android:layout_width="wrap_content"
            android:layout_height="wrap_content"
            android:text="时间：" />
        <EditText
            android:id="@+id/editText4"
```

```
            android:layout_width="match_parent"
            android:layout_height="wrap_content"
            android:ems="10" />
    </LinearLayout>
    <LinearLayout
        android:id="@+id/LinearLayout11"
        android:layout_width="wrap_content"
        android:layout_height="wrap_content"
        android:layout_gravity="center_horizontal" >
        <Button
            android:id="@+id/btn1"
            android:layout_width="70dp"
            android:layout_height="wrap_content"
            android:text="确定" />
        <Button
            android:id="@+id/btn2"
            android:layout_width="70dp"
            android:layout_height="wrap_content"
            android:layout_marginLeft="50dp"
            android:text="取消" />
    </LinearLayout>
  </LinearLayout>
</LinearLayout>
```

（6）在 com.android.caleapp 包中，创建一个 Activity 类“ModifyDiary”，并将 Layout Name 设置为“activity_modify”，如图 7-5 所示。

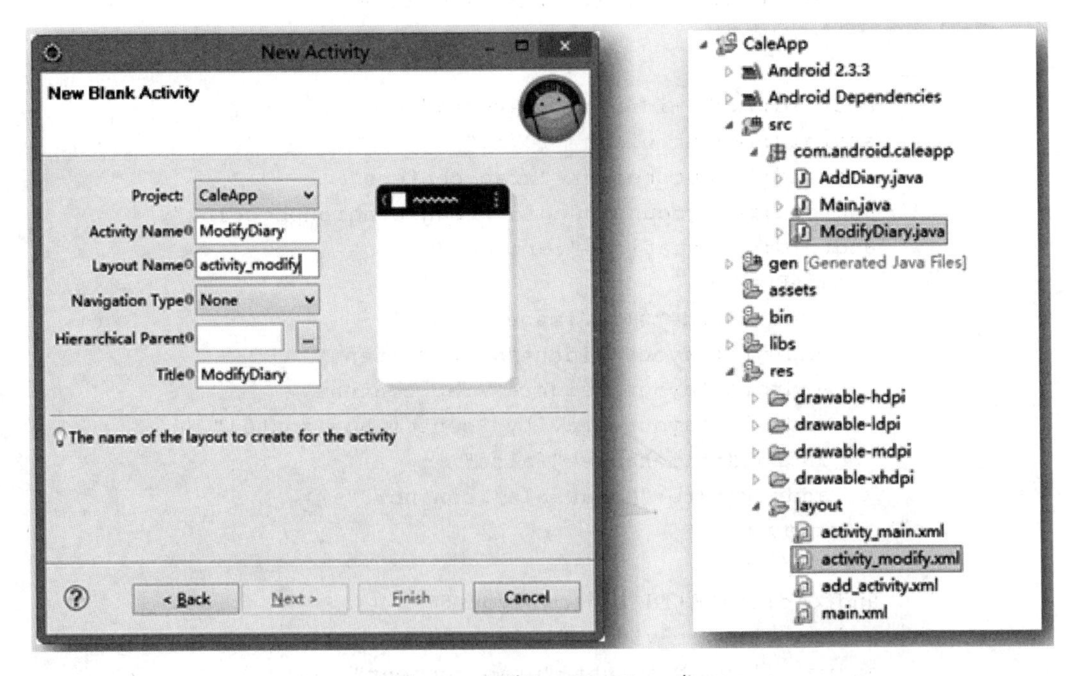

图 7-5　创建 ModifyDiary 类

（7）在 layout 目录中双击打开“activity_modify.xml”界面程序，在代码编辑窗口输入程序代码，完成日程修改界面制作。

```
<LinearLayout xmlns:tools=http://schemas.android.com/tools
    xmlns:android="http://schemas.android.com/apk/res/android"
    android:id="@+id/LinearLayout1"
    android:layout_width="match_parent"
    android:layout_height="match_parent"
    android:orientation="vertical" >
     <LinearLayout
        android:id="@+id/LinearLayout2"
        android:layout_width="match_parent"
        android:layout_height="wrap_content"
        android:orientation="horizontal" >
        <LinearLayout
            android:id="@+id/LinearLayout3"
            android:layout_width="107dp"
            android:layout_height="wrap_content"
            android:background="@color/imagebtngroupbgcolor"
            android:orientation="vertical" >
            <ImageButton
                android:id="@+id/imageButton1"
                android:layout_width="wrap_content"
                android:layout_height="wrap_content"
                android:layout_gravity="center_horizontal"
                android:src="@drawable/icon_order3" />
        </LinearLayout>
        <LinearLayout
            android:id="@+id/LinearLayout4"
            android:layout_width="107dp"
            android:layout_height="wrap_content"
            android:background="@color/imagebtngroupbgcolor"
            android:orientation="vertical" >
            <ImageButton
                android:id="@+id/imageButton2"
                android:layout_width="wrap_content"
                android:layout_height="wrap_content"
                android:layout_gravity="center_horizontal"
                android:clickable="false"
                android:src="@drawable/icon_new3" />
        </LinearLayout>
        <LinearLayout
            android:id="@+id/LinearLayout5"
            android:layout_width="107dp"
            android:layout_height="wrap_content"
            android:background="@color/imagebtngroupbgcolor"
            android:orientation="vertical" >
            <ImageButton
                android:id="@+id/imageButton3"
```

```
            android:layout_width="wrap_content"
            android:layout_height="wrap_content"
            android:layout_gravity="center_horizontal"
            android:src="@drawable/icon_delete3" />
    </LinearLayout>
</LinearLayout>
<LinearLayout
    android:id="@+id/LinearLayout6"
    android:layout_width="match_parent"
    android:layout_height="match_parent"
    android:background="@drawable/background3"
    android:orientation="vertical"
    android:padding="10dip" >
    <LinearLayout
        android:id="@+id/LinearLayout7"
        android:layout_width="match_parent"
        android:layout_height="wrap_content" >
        <TextView
            android:id="@+id/textView1"
            android:layout_width="wrap_content"
            android:layout_height="wrap_content"
            android:text="标题: " /><EditText
            android:id="@+id/editText1"
            android:layout_width="wrap_content"
            android:layout_height="wrap_content"
            android:layout_weight="1"
            android:ems="10"
            android:focusableInTouchMode="false"
            android:inputType="text"
            android:lines="1"
            android:scrollHorizontally="true" />
    </LinearLayout>
    <LinearLayout
        android:id="@+id/LinearLayout8"
        android:layout_width="match_parent"
        android:layout_height="wrap_content" >
        <TextView
            android:id="@+id/textView2"
            android:layout_width="wrap_content"
            android:layout_height="wrap_content"
            android:text="内容: " />
        <EditText
            android:id="@+id/editText2"
            android:layout_width="wrap_content"
            android:layout_height="wrap_content"
            android:layout_weight="1"
```

```
            android:ems="10"
            android:focusableInTouchMode="false"
            android:inputType="textMultiLine"
            android:lines="3" />
    </LinearLayout>
    <LinearLayout
        android:id="@+id/LinearLayout9"
        android:layout_width="match_parent"
        android:layout_height="wrap_content" >
        <TextView
            android:id="@+id/textView3"
            android:layout_width="wrap_content"
            android:layout_height="wrap_content"
            android:text="日期：" />
        <EditText
            android:id="@+id/editText3"
            android:layout_width="match_parent"
            android:layout_height="wrap_content"
            android:ems="10"
            android:focusableInTouchMode="false"
            android:freezesText="true" />
    </LinearLayout>
    <LinearLayout
        android:id="@+id/LinearLayout10"
        android:layout_width="match_parent"
        android:layout_height="wrap_content" >
        <TextView
            android:id="@+id/textView4"
            android:layout_width="wrap_content"
            android:layout_height="wrap_content"
            android:text="时间：" /><EditText
            android:id="@+id/editText4"
            android:layout_width="match_parent"
            android:layout_height="wrap_content"
            android:ems="10"
            android:focusableInTouchMode="false" />
    </LinearLayout>
  </LinearLayout>
</LinearLayout>
```

（8）在 values 目录中双击打开“strings.xml”文件，设置标题文字，代码如下：

```
<resources>
    <string name="app_name">日程管理</string>
    <string name="menu_settings">Settings</string>
    <string name="title_activity_main">日程管理</string>
    <string name="title_activity_add_diary">新建日程</string>
```

```
    <string name="title_activity_modify_diary">日程编辑</string>
</resources>
```

（9）在 values 目录中创建“color.xml”文件，设置颜色数值，代码如下：

```
<?xml version="1.0" encoding="utf-8"?>
<resources>
    <color name="imagebtngroupbgcolor">#ddccee</color>
    <color name="imagebtnbgcolor">#7700ff</color>
</resources>
```

【技术知识】

知识点：日程管理

日程管理就是将每天的工作和事务安排在日期中，并做一个有效的记录，方便管理日常的工作和事务，达到工作备忘的目的。

其基本内容包括：

（1）日期时间：记录日程安排的时间；

（2）待办事项：简要描述待办的事件；

（3）备忘事项：需要完成的工作内容。

【实战训练】

根据新建日程界面操作步骤，完成如图 7-6 所示的日程修改界面的制作。

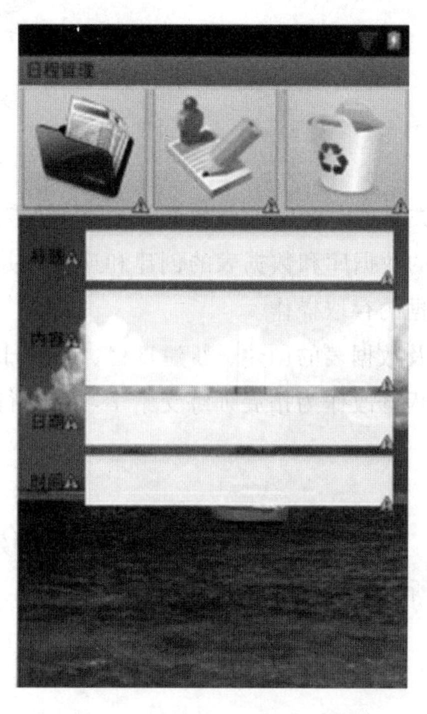

图 7-6　任务 7-1 实战训练

任务 7-2　日程记录数据存取

【任务目标】

编写 Java 程序，使用 Android 数据存储技术，完成 Android 日程管理软件对数据存取的访问操作。

【任务描述】

在本日程管理软件中，日程显示、新建日程、日程修改等功能需要对数据进行存取。其中日程显示需要读取全部日程记录；新建日程需要对新建的日程数据记录进行存储；日程修改则需要先读取原日程数据，在编辑修改后再将数据记录保存到数据库中。

本任务我们通过编写一个 Java 类，使用 Android 数据库存储技术来实现对日程数据记录的存储和读取操作，如图 7-7 所示。

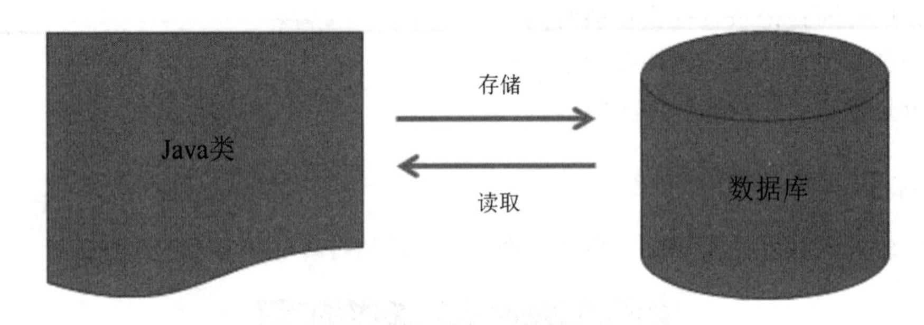

图 7-7　日程记录数据存取方式

【任务分析】

本任务将编写一个 Java 类来实现对 SQLite 数据库的访问读取操作。采用 SQLiteOpenHelper 技术，实现对日程管理软件的数据库和数据表的创建和连接。并通过编写增、删、改、查等方法实现对数据库中日程数据的存取操作。

这里我们将介绍数据库及数据表的创建、新建日程、删除日程、日程查询等 Java 程序操作方法和编写方式，而将日程修改作为拓展训练交给学习者自行独立完成。

【任务实施】

（1）在项目“CaleApp”的“com.android.caleapp”包中创建 Class（Java 类），命名为“MyDataApater”，如图 7-8 所示。

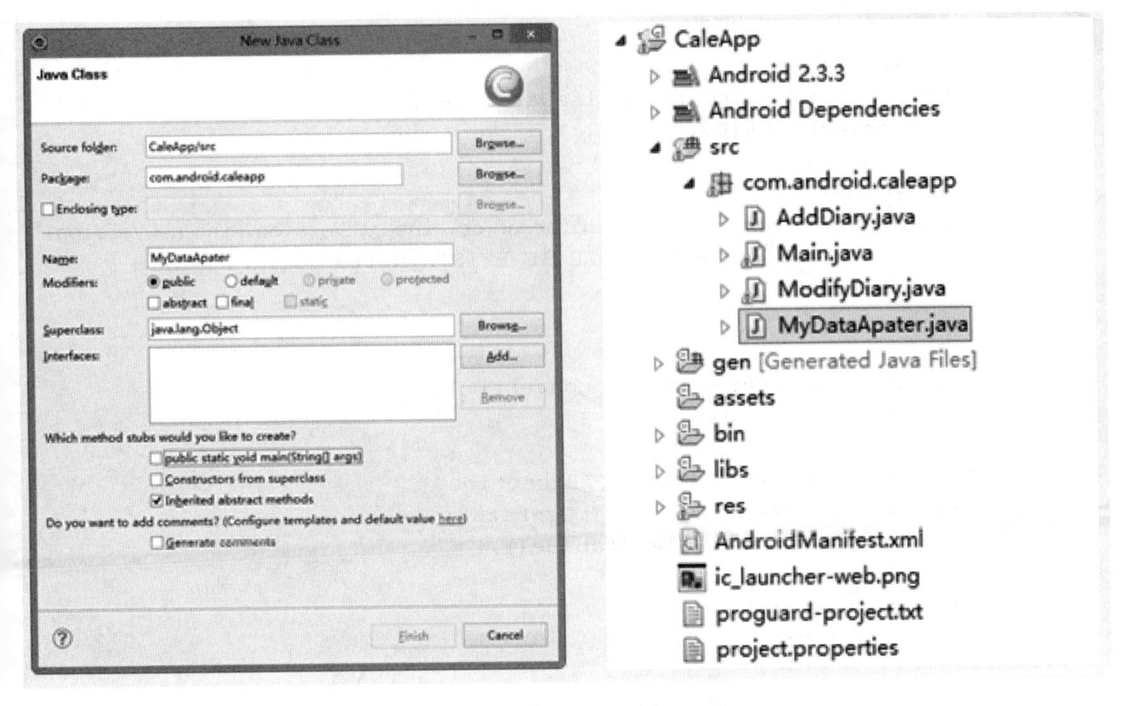

图 7-8　创建 MyDataApater 类

（2）双击打开“MyDataApater.java”，输入如下代码。

```
import android.content.ContentValues;
import android.content.Context;
import android.database.Cursor;
import android.database.SQLException;
import android.database.sqlite.SQLiteDatabase;
import android.database.sqlite.SQLiteOpenHelper;
public class MyDataApater {
    public static final String TABLE_ID = "_id";
    public static final String TABLE_TITLE = "title";
    public static final String TABLE_CONTENT = "content";
    public static final String TABLE_DATE = "date";
    public static final String TABLE_TIME = "time";
    public static final String DB_NAME = "dairy.db";
    public static final String DB_TABLE = "calen";
    public static final int DB_VERSION = 2;
    private Context mContext = null;
    public static final String DB_CREATE = "CREATE TABLE " + DB_TABLE + "("
            + TABLE_ID + " integer primary key autoincrement," + TABLE_TITLE
            + " char(30) not null," + TABLE_CONTENT + " varchar(200),"
            + TABLE_DATE + " char(10) not null," + TABLE_TIME
            + " char(5) not null)";
    private SQLiteDatabase mdb = null;
    private DatabaseHelper mdh = null;
    private static class DatabaseHelper extends SQLiteOpenHelper {
        public DatabaseHelper(Context context) {
            super(context, DB_NAME, null, DB_VERSION);
```

```
        }
        @Override
        public void onCreate(SQLiteDatabase db) {
            db.execSQL(DB_CREATE);
        }
        @Override
        public void onUpgrade(SQLiteDatabase db, int oldVersion, int newVersion) {
            db.execSQL("DROP TABLE IF EXISTS notes");
            onCreate(db);
        }
    }
    public MyDataApater(Context context) {
        mContext = context;
    }
    public void open() throws SQLException {
        mdh = new DatabaseHelper(mContext);
        mdb = mdh.getWritableDatabase();
    }
    public void close() {
        mdh.close();
    }
    public long insertData(String dtitle, String dcontent, String ddate,
            String dtime) {
        ContentValues initialValues = new ContentValues();
        initialValues.put(TABLE_TITLE, dtitle);
        initialValues.put(TABLE_CONTENT, dcontent);
        initialValues.put(TABLE_DATE, ddate);
        initialValues.put(TABLE_TIME, dtime);
        return mdb.insert(DB_TABLE, null, initialValues);
    }
    public boolean deleteData(long rowId) {
        return mdb.delete(DB_TABLE, TABLE_ID + "=" + rowId, null) > 0;
    }
    public Cursor fetchAllSortData(boolean type) {
        String sortBy;
        if (type){
            sortBy = TABLE_DATE + " DESC," + TABLE_TIME + " DESC";
        }else{
            sortBy = TABLE_DATE + " ASC," + TABLE_TIME + " ASC";
        }
        return mdb.query(DB_TABLE, new String[] { TABLE_ID, TABLE_TITLE,
                TABLE_CONTENT, TABLE_DATE, TABLE_TIME }, null, null, null,
                null, sortBy);
    }
    public Cursor fetchAllData() {
        return mdb.query(DB_TABLE, new String[] { TABLE_ID, TABLE_TITLE,
                TABLE_CONTENT, TABLE_DATE, TABLE_TIME }, null, null, null,
                null, null);
    }
    public Cursor fetchData(long rowId) throws SQLException {
        Cursor mCursor = mdb.query(true, DB_TABLE, new String[] { TABLE_ID,
```

```
            TABLE_TITLE, TABLE_CONTENT, TABLE_DATE, TABLE_TIME }, TABLE_ID
                + "=" + rowId, null, null, null, null, null);
        if (mCursor != null) {
            mCursor.moveToFirst();
        }
        return mCursor;
    }
}
```

【技术知识】

知识点：内部类

内部类（nested classes），在面向对象程序设计中，可以在一个类的内部定义另一个类。在类的内部中定义的类被称为内部类。

为什么要使用内部类？使用内部类的好处是：每个内部类都能独立地继承一个（接口的）实现，所以无论外围类是否已经继承了某个（接口的）实现，对于内部类都没有影响。

【实战训练】

在 MyDataAdapter 类中，编写 Java 程序完成日程修改的数据读取和存储操作，如图 7-9 所示。

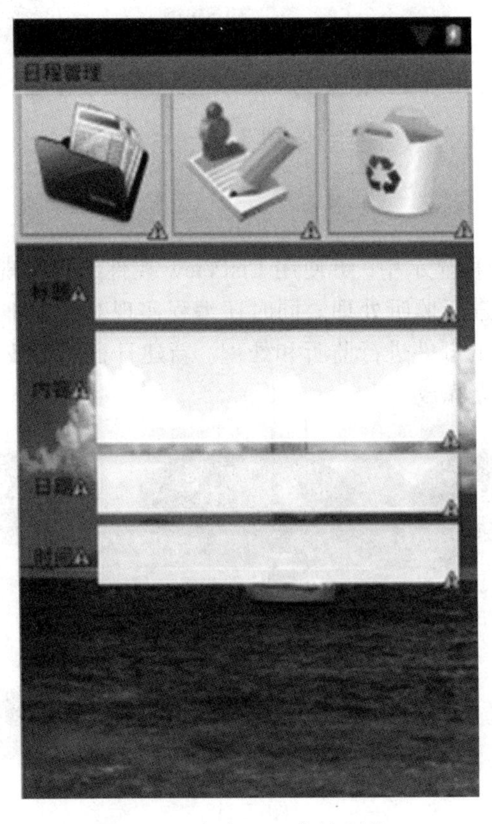

图 7-9　任务 7-2 实战训练

任务 7-3　日程显示功能实现

【任务目标】

实现日程管理中的日程显示功能。

【任务描述】

在本日程管理软件中，日程显示的实现需要在“Main.Java”程序中编写 Java 代码实现。实现内容包括 1 个 ListView 控件和 3 个 ImageButton 控件。

本任务我们将介绍日程显示 Activity 类（“Main.Java”）的编写，并分别对 ListView 控件和 3 个 ImageButton 控件的功能和点击事件处理进行详解，如图 7-10 所示。

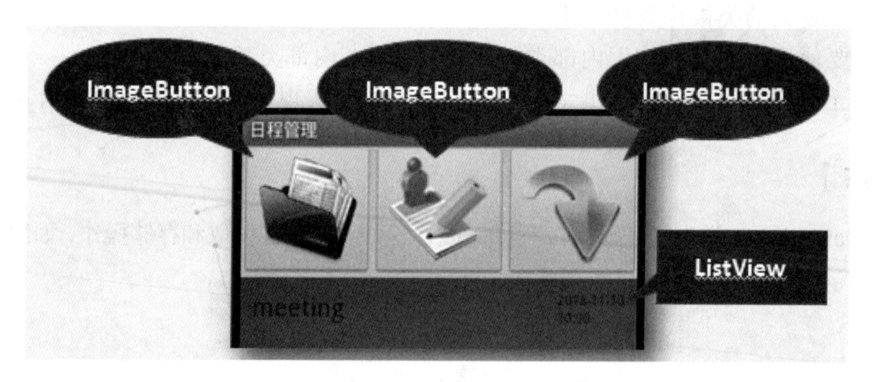

图 7-10

【任务分析】

在如图 7-11 所示的日程显示中，可使用 ListView 控件编程实现对日程记录的显示，并对每条日程记录的点击事件进行监听处理。同时还编程实现对日程排序、退出软件等 2 个图片按钮（ImageButton）的点击事件进行监听和处理。新建日程图片按钮（ImageButton）则作为拓展训练由学习者自行独立完成。

图 7-11

【任务实施】

双击打开“Main.java”程序，输入如下代码。

```
import android.os.Bundle;
import android.app.Activity;
import android.content.Intent;
import android.database.Cursor;
import android.util.Log;
import android.view.Menu;
import android.view.View;
import android.view.View.OnClickListener;
import android.view.View.OnLongClickListener;
import android.widget.AdapterView;
import android.widget.AdapterView.OnItemClickListener;
import android.widget.ImageButton;
import android.widget.ImageView;
import android.widget.ListAdapter;
import android.widget.ListView;
import android.widget.SimpleCursorAdapter;
public class Main extends Activity {
    private static int minCount = 0;
    MyDataApater mMyApater;
    ListView mlistview = null;
    @Override
    public void onCreate(Bundle savedInstanceState) {
        super.onCreate(savedInstanceState);
        setContentView(R.layout.main);
        mMyApater = new MyDataApater(this);
        mMyApater.open();
        mlistview = (ListView) findViewById(R.id.listView1);
        UpdataAdapter();
        final ImageButton btnOrder = (ImageButton) findViewById(R.id.imageButton1);
        ImageButton btnNew = (ImageButton) findViewById(R.id.imageButton2);
        ImageButton btnReturn = (ImageButton) findViewById(R.id.imageButton3);
        btnOrder.setOnClickListener(new OnClickListener() {
            private boolean flag = true;
            public void onClick(View v) {
                    if(flag){
                        ((ImageView)
btnOrder).setImageDrawable(getResources().getDrawable(R.drawable.icon_up3));
                        flag = false;
```

```
                }else{
                    ((ImageView)
btnOrder).setImageDrawable(getResources().getDrawable(R.drawable.icon_down3));
                    flag = true;
                }
                UpSortdataAdapter(flag);
            }
        });
        mlistview.setOnItemClickListener(new OnItemClickListener() {
            @Override
            public void onItemClick(AdapterView<?> arg0, View arg1, int arg2,
                    long arg3) {
                Cursor cur = mMyApater.fetchData(arg3);
                Bundle bundle1 = new Bundle();
                int col0 = cur.getColumnIndex(mMyApater.TABLE_ID);
                int col1 = cur.getColumnIndex(mMyApater.TABLE_TITLE);
                int col2 = cur.getColumnIndex(mMyApater.TABLE_CONTENT);
                int col3 = cur.getColumnIndex(mMyApater.TABLE_DATE);
                int col4 = cur.getColumnIndex(mMyApater.TABLE_TIME);
                bundle1.putString("did", cur.getString(col0));
                bundle1.putString("dtitle", cur.getString(col1));
                bundle1.putString("dcontent", cur.getString(col2));
                bundle1.putString("ddate", cur.getString(col3));
                bundle1.putString("dtime", cur.getString(col4));
                Intent intent =new Intent();
                intent.setClass(Main.this, ModifyDiary.class);
                intent.putExtras(bundle1);
                startActivity(intent);
                Main.this.finish();
            }
        });
        btnReturn.setOnClickListener(new OnClickListener() {
            @Override
            public void onClick(View v) {
                mMyApater.close();
                finish();
                System.exit(0);
            }
        });
        btnReturn.setOnLongClickListener(new OnLongClickListener() {
```

```
            @Override
            public boolean onLongClick(View v) {
                Log.v("sdf:","OK");
                return false;
            }
        });
    }
    protected void UpSortdataAdapter(boolean yes) {
        Cursor cur = mMyApater.fetchAllSortData(yes);
        minCount = cur.getCount();
        if (cur != null && minCount >= 0) {
            String[] from = { mMyApater.TABLE_TITLE, mMyApater.TABLE_DATE,
mMyApater.TABLE_TIME };
            int[] to = { R.id.textView1, R.id.textView2, R.id.textView3 };
            ListAdapter adapter = new SimpleCursorAdapter(this,
                    R.layout.activity_main, cur, from, to);
            Log.d("adap:", cur.toString());
            mlistview.setAdapter(adapter);}
    }
    private void UpdataAdapter() {
        Cursor cur = mMyApater.fetchAllData();
        minCount = cur.getCount();
        if (cur != null && minCount >= 0) {
            String[] from = { mMyApater.TABLE_TITLE, mMyApater.TABLE_DATE,
mMyApater.TABLE_TIME };
            int[] to = { R.id.textView1, R.id.textView2, R.id.textView3 };
            ListAdapter adapter = new SimpleCursorAdapter(this,
                    R.layout.activity_main, cur, from, to);
            Log.d("adap:", cur.toString());
            mlistview.setAdapter(adapter);
        }
    }
    @Override
    public boolean onCreateOptionsMenu(Menu menu) {
        getMenuInflater().inflate(R.menu.main, menu);
        return true;
    }
}
```

【技术知识】

知识点：system.exit(0)、system.exit(1)、systim.exit(—1)的含义与区别

system.exit(0) 是指正常退出，程序正常执行结束退出；

system.exit(1) 是非正常退出，就是说无论程序正在执行与否，都退出；

System.exit(– 1) 是指所有程序（方法，类等）停止，系统停止运行。

【实战训练】

如图 7-12 所示，完善“Main.java”程序中的 onCreate 方法，完成 btnNew 对象（新建日程图片按钮）的点击跳转功能。

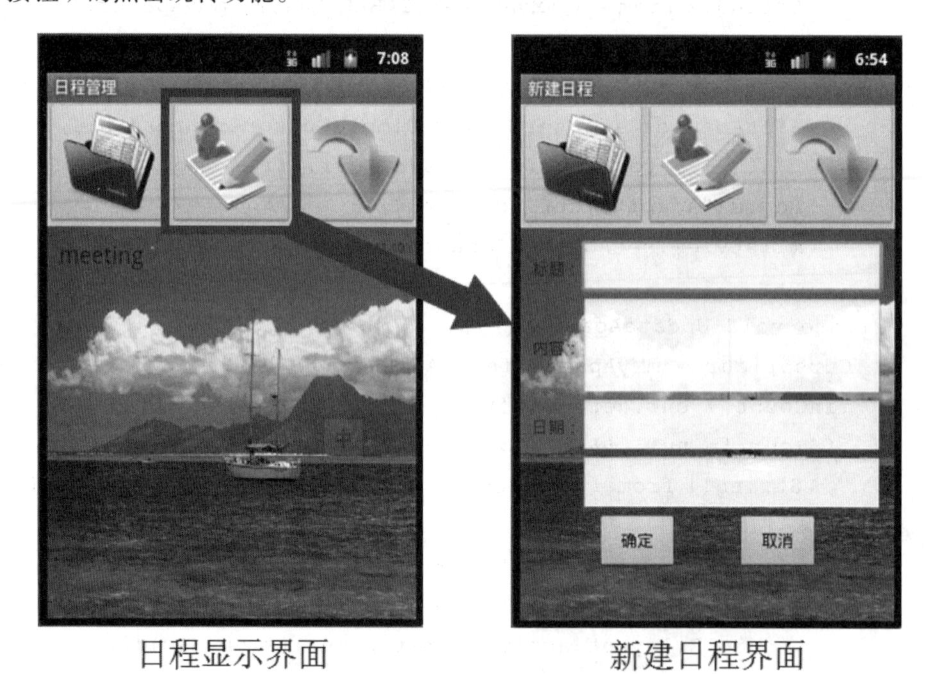

图 7-12　任务 7-3 实战训练

任务 7-4　新建日程功能实现

【任务目标】

实现日程管理软件中的新建日程功能。

【任务描述】

在新建日程界面中，各部分功能如图 7-13 所示。

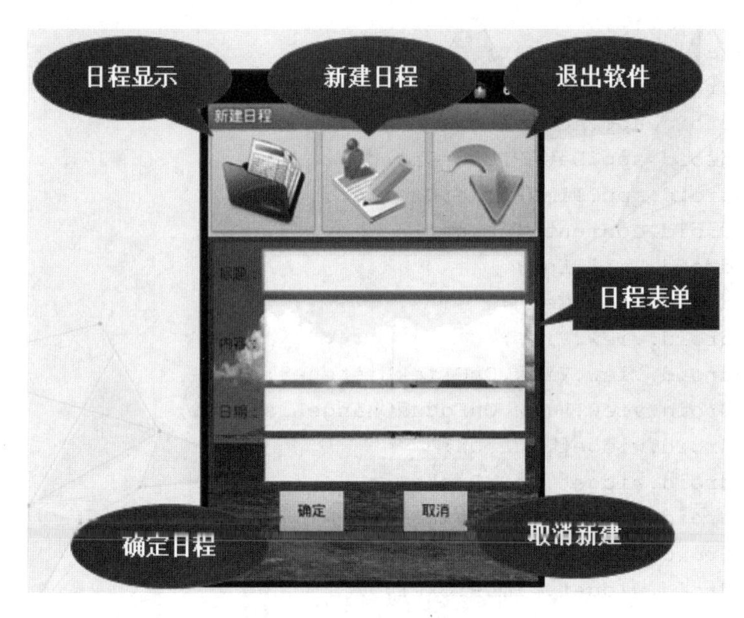

图 7-13　新建日程功能设计

【任务分析】

在新建日程中，使用 3 个 ImageButton 控件用于日程显示、新建日程、退出软件等 3 个功能。使用 1 个表单用于记录用户的日程安排。表单包含 4 个 TextView、4 个 EditText、2 个 Button 控件，如图 7-14 所示。

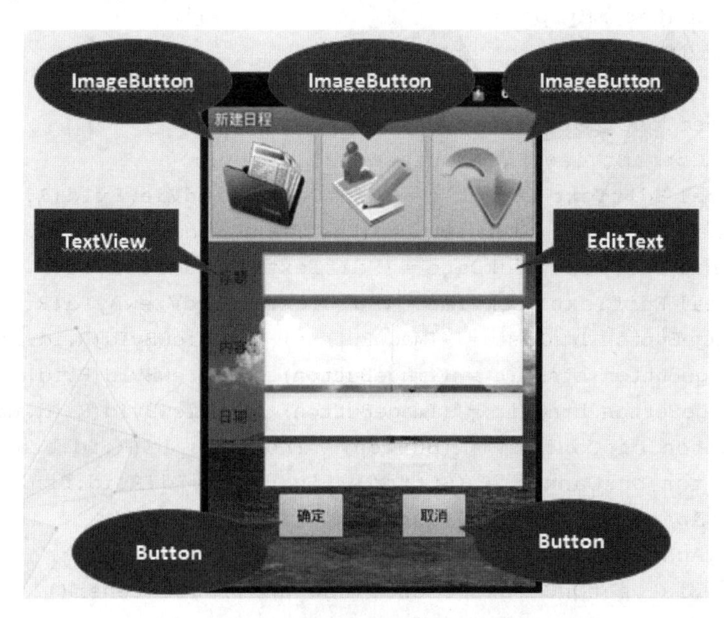

图 7-14　新建日程界面控件分布

【任务实施】

双击打开“AddDiary.java”程序，输入如下程序。

```
import java.util.Calendar;
import android.os.Bundle;
import android.app.Activity;
import android.app.DatePickerDialog;
import android.app.TimePickerDialog;
import android.content.Intent;
import android.util.Log;
import android.view.Menu;
import android.view.View;
import android.view.View.OnClickListener;
import android.view.View.OnFocusChangeListener;
import android.widget.Button;
import android.widget.DatePicker;
import android.widget.EditText;
import android.widget.ImageButton;
import android.widget.TimePicker;
public class AddDiary extends Activity {
    private Calendar c = Calendar.getInstance();
    int mYear = c.get(Calendar.YEAR);
    int mMonth = c.get(Calendar.MONTH);
    int mDay = c.get(Calendar.DAY_OF_MONTH);
    int mHour = c.get(Calendar.HOUR_OF_DAY);
    int mMinute = c.get(Calendar.MINUTE);
    MyDataApater mMyApater;
    @Override
    public void onCreate(Bundle savedInstanceState) {
        super.onCreate(savedInstanceState);
        setContentView(R.layout.add_activity);
        final EditText txtTitle = (EditText) findViewById(R.id.editText1);
        final EditText txtContent = (EditText) findViewById(R.id.editText2);
        final EditText pickDate = (EditText) findViewById(R.id.editText3);
        final EditText pickTime = (EditText) findViewById(R.id.editText4);
        ImageButton btnList = (ImageButton) findViewById(R.id.imageButton1);
        ImageButton btnEdit = (ImageButton) findViewById(R.id.imageButton2);
        ImageButton btnQuit = (ImageButton) findViewById(R.id.imageButton3);
        Button bntConfirm = (Button) findViewById(R.id.btn1);
        Button bntCancel = (Button) findViewById(R.id.btn2);
        mMyApater = new MyDataApater(this);
        mMyApater.open();
        btnList.setOnClickListener(new OnClickListener(){
            @Override
            public void onClick(View v) {
                Intent intent = new Intent();
                intent.setClass(AddDiary.this, Main.class);
                startActivity(intent);
```

```
        }
    });
    btnEdit.setOnClickListener(new OnClickListener(){
        @Override
        public void onClick(View v) {
            Intent intent = new Intent();
            intent.setClass(AddDiary.this, AddDiary.class);
            startActivity(intent);
        }
    });
    btnQuit.setOnClickListener(new OnClickListener() {
        @Override
        public void onClick(View v) {
            mMyApater.close();
            finish();
            System.exit(0);
        }
    });
    bntConfirm.setOnClickListener(new OnClickListener() {
        @Override
        public void onClick(View v) {
            mMyApater.insertData(txtTitle.getText().toString(), txtContent
                    .getText().toString(), pickDate.getText().toString(),
                    pickTime.getText().toString());
            mMyApater.close();
            returnMain();
        }
    });
    bntCancel.setOnClickListener(new OnClickListener() {
        @Override
        public void onClick(View v) {
            mMyApater.close();
            returnMain();
        }
    });
    pickDate.setOnFocusChangeListener(new OnFocusChangeListener() {
        @Override
        public void onFocusChange(View v, boolean hasFocus) {
            if (hasFocus) {
                new DatePickerDialog(AddDiary.this,
                    new DatePickerDialog.OnDateSetListener() {
                            @Override
                            public void onDateSet(DatePicker view,
                                    int year, int monthOfYear,
                                    int dayOfMonth) {
```

```
                                pickDate.setText(year + "-"
                                        + pad(monthOfYear + 1) + "-"
                                        + pad(dayOfMonth));
                            }
                        }, mYear, mMonth, mDay).show();

            }
        });
        Log.v("Date", pickDate.getText().toString());
        pickTime.setOnFocusChangeListener(new OnFocusChangeListener() {
            @Override
            public void onFocusChange(View v, boolean hasFocus) {
                if (hasFocus) {
                    new TimePickerDialog(AddDiary.this,
                        new TimePickerDialog.OnTimeSetListener() {
                            @Override
                            public void onTimeSet(TimePicker view,
                                    int hourOfDay, int minute) {
                                pickTime.setText(pad(hourOfDay) + ":"
                                        + pad(minute));
                            }
                        }, mHour, mMinute, true).show();
                }
            }
        });
    }
    private static String pad(int c) {
        if (c >= 10)
            return String.valueOf(c);
        else
            return "0" + String.valueOf(c);
    }
    private void returnMain() {
        Intent intent = new Intent();
        intent.setClass(AddDiary.this, Main.class);
        startActivity(intent);
        AddDiary.this.finish();
    }
    @Override
    public boolean onCreateOptionsMenu(Menu menu) {
        getMenuInflater().inflate(R.menu.add_activity, menu);
        return true;
    }
}
```

【技术知识】

知识点：Calendar

在实际项目当中，我们经常会涉及对时间的处理。Java 中提供了 Calendar 这个专门用于对日期进行操作的类。

Calendar 类不通过 new 的方式来获得实例，但提供了一个类方法 getInstance()，以此获得该类型的一个通用的对象。

getInstance 方法返回一个 Calendar 对象（该对象为 Calendar 的子类对象），其日历字段已由当前日期和时间初始化。

例如：Calendar calendar= Calendar.getInstance();

为了更加便捷的对日期进行操作，Calendar 类对 YEAR、MONTH、DAY_OF_MONTH、HOUR 等日历字段之间的转换提供了一些方法，为操作日历字段也提供了一些方法。

例如：int year = calendar.get(Calendar.YEAR); // 获取年

【实战训练】

实现日程管理软件中的日程修改界面功能，界面功能设计如图 7-15 所示。

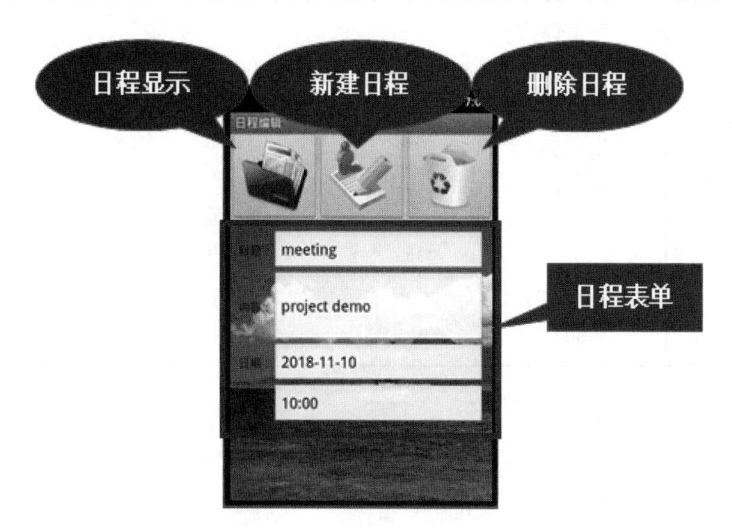

图 7-15　任务 7-4 实战训练

项目小结

本项目简要介绍了一个 Android 日程管理软件的开发。着重介绍了 Activity 和 Android 数据存储技术在日程管理项目中的使用方法和编程技巧，以及 Activity 和 SQLiteOpenHelper 结合实现 Android 信息管理系统的设计和程序实现方式。

项目重点：熟练掌握 Activity、SQLiteOpenHelper 等技术的使用方法，熟练掌握 Activity 和 SQLiteOpenHelper 技术结合实现信息管理的方式和技巧。

考核评价

在本项目教学和实施过程中，教师和学生可以根据考核评价表 7-1 对各项任务进行考核评价。考核主要针对学生在技术知识、技能训练、项目实践的掌握程度和完成效果进行评价。

表 7-1　考核评价表

<table>
<tr><td rowspan="3">评价内容</td><td colspan="10">评价标准</td></tr>
<tr><td colspan="2">技术知识</td><td colspan="2">技能训练</td><td colspan="2">项目实战</td><td colspan="2">完成效果</td><td colspan="2">总体评价</td></tr>
<tr><td>个人评价</td><td>教师评价</td><td>个人评价</td><td>教师评价</td><td>个人评价</td><td>教师评价</td><td>个人评价</td><td>教师评价</td><td>个人评价</td><td>教师评价</td></tr>
<tr><td>任务 7-1</td><td></td><td></td><td></td><td></td><td></td><td></td><td></td><td></td><td></td><td></td></tr>
<tr><td>任务 7-2</td><td></td><td></td><td></td><td></td><td></td><td></td><td></td><td></td><td></td><td></td></tr>
<tr><td>任务 7-3</td><td></td><td></td><td></td><td></td><td></td><td></td><td></td><td></td><td></td><td></td></tr>
<tr><td>任务 7-4</td><td></td><td></td><td></td><td></td><td></td><td></td><td></td><td></td><td></td><td></td></tr>
<tr><td>存在问题与解决办法
（应对策略）</td><td colspan="10"></td></tr>
<tr><td>学习心得与体会分享</td><td colspan="10"></td></tr>
</table>

参考文献

[1] 明日科技. Android 项目开发实战入门[M]. 长春：吉林大学出版社，2010.
[2] 张元亮. Android 开发应用实战详解[M]. 北京：中国铁道出版社，2011.
[3] 王东华. Android 网络开发与应用实战详解[M]. 北京：人民邮电出版社，2012.
[4] 黄宏程. Android 移动应用设计与开发[M]. 北京：人民邮电出版社，2012.
[5] 王家林，王家俊，王家虎. Android 项目实战[M]. 北京：电子工业出版社，2013.
[6] 郭金尚. Android 经典项目案例开发实战宝典[M]. 北京：清华大学出版社，2013.
[7] 刘正. Android 项目驱动式开发教程[M]. 北京：机械工业出版社，2014.
[8] 黄伟. Android 项目开发实践[M]. 长沙：中南大学出版社，2015.
[9] 王举萍. Android 经典项目开发实战[M]. 北京：清华大学出版社，2015.
[10] 明日学院. Android 开发从入到精通（项目案例版）[M]. 北京：中国水利水电出版社，2017.
[11] 赵善龙，李旭东. Android 项目开发实战[M]. 北京：中国水利水电出版社，2018.
[12] 许超. Android 项目开发实战教程[M]. 北京：化学工业出版社，2018.
[13] 兰红，李淑芝. Android Studio 移动应用开发从入门到实战（微课版）[M]. 北京：清华大学出版社，2018.
[14] 赵旭，王新强. Android APP 项目开发教程[M]. 西安：西安电子科技大学出版社，2018.
[15] 李钦. 基于工作项目的 Android 高级开发实战[M]. 2 版. 北京：电子工业出版社，2020.